KB275604

수학의 재미에 빠진 아이들이
맨 처음 선택한 기초 교재
수빠맨
6 곱셈 공장 수리 작전
사칙연산 심화
글 테크노사이언스 · 그림 아그네세 바루치

다산
어린이

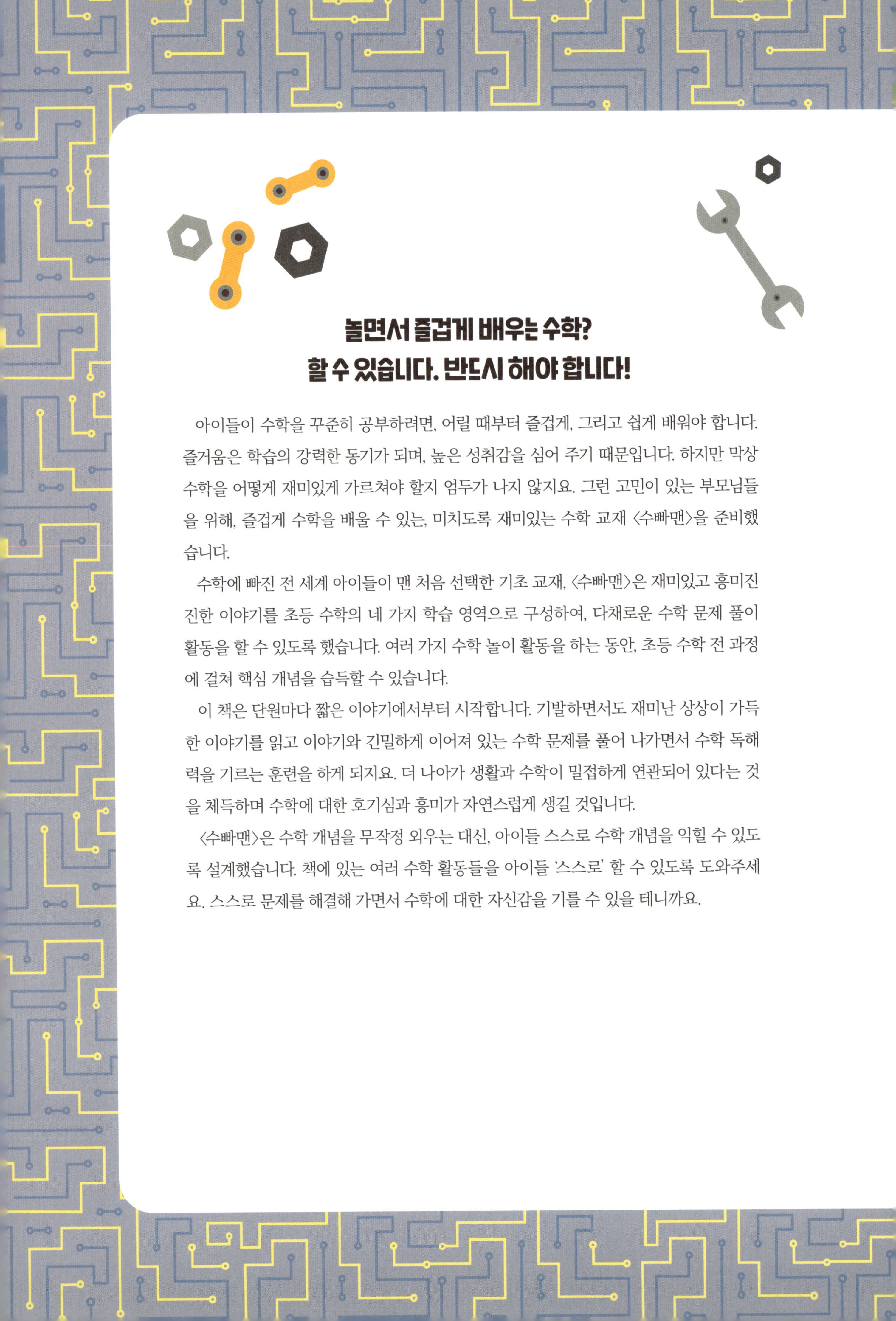

놀면서 즐겁게 배우는 수학?
할 수 있습니다. 반드시 해야 합니다!

아이들이 수학을 꾸준히 공부하려면, 어릴 때부터 즐겁게, 그리고 쉽게 배워야 합니다. 즐거움은 학습의 강력한 동기가 되며, 높은 성취감을 심어 주기 때문입니다. 하지만 막상 수학을 어떻게 재미있게 가르쳐야 할지 엄두가 나지 않지요. 그런 고민이 있는 부모님들을 위해, 즐겁게 수학을 배울 수 있는, 미치도록 재미있는 수학 교재 〈수빠맨〉을 준비했습니다.

수학에 빠진 전 세계 아이들이 맨 처음 선택한 기초 교재, 〈수빠맨〉은 재미있고 흥미진진한 이야기를 초등 수학의 네 가지 학습 영역으로 구성하여, 다채로운 수학 문제 풀이 활동을 할 수 있도록 했습니다. 여러 가지 수학 놀이 활동을 하는 동안, 초등 수학 전 과정에 걸쳐 핵심 개념을 습득할 수 있습니다.

이 책은 단원마다 짧은 이야기에서부터 시작합니다. 기발하면서도 재미난 상상이 가득한 이야기를 읽고 이야기와 긴밀하게 이어져 있는 수학 문제를 풀어 나가면서 수학 독해력을 기르는 훈련을 하게 되지요. 더 나아가 생활과 수학이 밀접하게 연관되어 있다는 것을 체득하며 수학에 대한 호기심과 흥미가 자연스럽게 생길 것입니다.

〈수빠맨〉은 수학 개념을 무작정 외우는 대신, 아이들 스스로 수학 개념을 익힐 수 있도록 설계했습니다. 책에 있는 여러 수학 활동들을 아이들 '스스로' 할 수 있도록 도와주세요. 스스로 문제를 해결해 가면서 수학에 대한 자신감을 기를 수 있을 테니까요.

•기다려 주세요!

　아이가 문제를 풀 때까지 시간이 오래 걸릴 수 있습니다. 또 책을 다 풀지 않고 중간에 덮어 버리거나, 어떤 문제는 건너뛸 수도 있습니다. 그것만으로 수학을 포기했다고 단정하지 마세요. 그저 아이를 믿고 기다려 주세요.

•답을 알려 주는 대신, 질문을 하세요!

　아이들이 어떻게 풀어야 하는지, 답이 무엇인지 모르겠다고 했을 때 바로 답을 알려 주지 마세요. 대신 질문을 통해 아이들을 정답으로 유도해 주세요. 문제를 다시 잘 읽어 보도록 독려하거나, 막힌 부분이 무엇인지 물어보고 아이 스스로 답을 찾아 나갈 수 있도록 도와주세요.

•수학 문제 해결의 첫 단계는 이해라는 점을 잊지 마세요!

　수학 공부를 막 접하는 초등 저학년일수록 문제만 읽고 무턱대고 계산하거나 문제 푸는 공식만 외지 않도록 주의해야 합니다. 대신 한 문제를 풀더라도 아이가 문제를 제대로 이해할 수 있도록 시간을 충분히 주세요. 또한 아이들이 수학 문제의 답을 잘 맞히는 것보다, 문제를 어떻게 풀었는지 설명하는 것을 습관화할 수 있게 도와주세요. 어떤 풀이 과정을 거쳐 답을 구했는지 아는 것이 가장 중요합니다.

•생활에서 수학을 찾아보세요!

　아이들이 생활 속에서 수를 발견하도록 도와주세요. 여러 활동을 하는 동안 수학이 언제, 어떻게 쓰이는지 물어보고 이야기해 주세요. 이 책을 읽고 난 뒤에는 생활에서 수학이 어떻게 적용되고 실현되는지 아이와 함께 찾아보세요.

초등학생을 위한 최고의 수학 학습서 <수빠맨>

　우리가 늘 해 온, 익숙한 수학 공부는 어떤 형태일까요? 여러 가지 수학적 개념과 공식을 외우고 이해하는 것, 그리고 그 이해를 바탕으로 이런저런 문제를 푸는 것을 떠올릴 수 있습니다. 하지만 초등학생에게 그와 같은 학습 방법을 그대로 적용하는 게 반드시 옳지는 않습니다. 그러한 정통의 수학 학습법은 조금 나중에 한다고 하더라도 늦지 않습니다. 수학을 이제 막 시작하는 초등학생은 수학과 친숙해지는 방식으로 공부하는 것이 훨씬 더 중요합니다.

　시중에는 연산 훈련을 하는 교재나 부모님과 아이가 함께 공부할 수 있는 수학 교재가 많이 있습니다. 처음 출판사에서 초등학생을 대상으로 수학책을 펴낸다고 들었을 때 기존에 있는 다른 책들과 무엇이 다를까 궁금했습니다. 그리고 이 책을 살펴보고 나니 확신할 수 있었습니다. <수빠맨>은 아주 특별한 책이라는 것을 말입니다. 이 책은 조금만 살펴보아도 어떻게 전 세계 어린이들의 마음을 사로잡았는지 알 수 있습니다. 아이들의 시선을 끄는 캐릭터와 함께 다양한 환경에서 일어나는 재미있는 이야기들로 가득 차 있는 책이거든요.

　<수빠맨>은 평범하고 시시한 수학 학습서가 아닙니다. 등장하는 캐릭터와 이들이 끌어가는 이야기가 재미있기도 하지만 무엇보다도 수학적인 내용이 알찹니다. 수와 연산, 도형과 측정, 규칙과 추론 등 초등학교 수학 교육 과정에 등장하는 필수적인 내용이 충실하게 담겨 있습니다. 아이들은 이 책을 펼쳐 여러 가지 수학 활동을 하는 동안 자연스러운 사고 흐름에 따라 마치 게임을 하듯 공부할 수 있습니다. 높은 수준의 집중력을 발휘하지 않더라도 퀴즈를 풀고, 도형과 전개도를 오리고, 스티커를 붙이면서 수학적 개념을 이해하고 문제를 해결할 수 있도록 구성되어 있습니다.

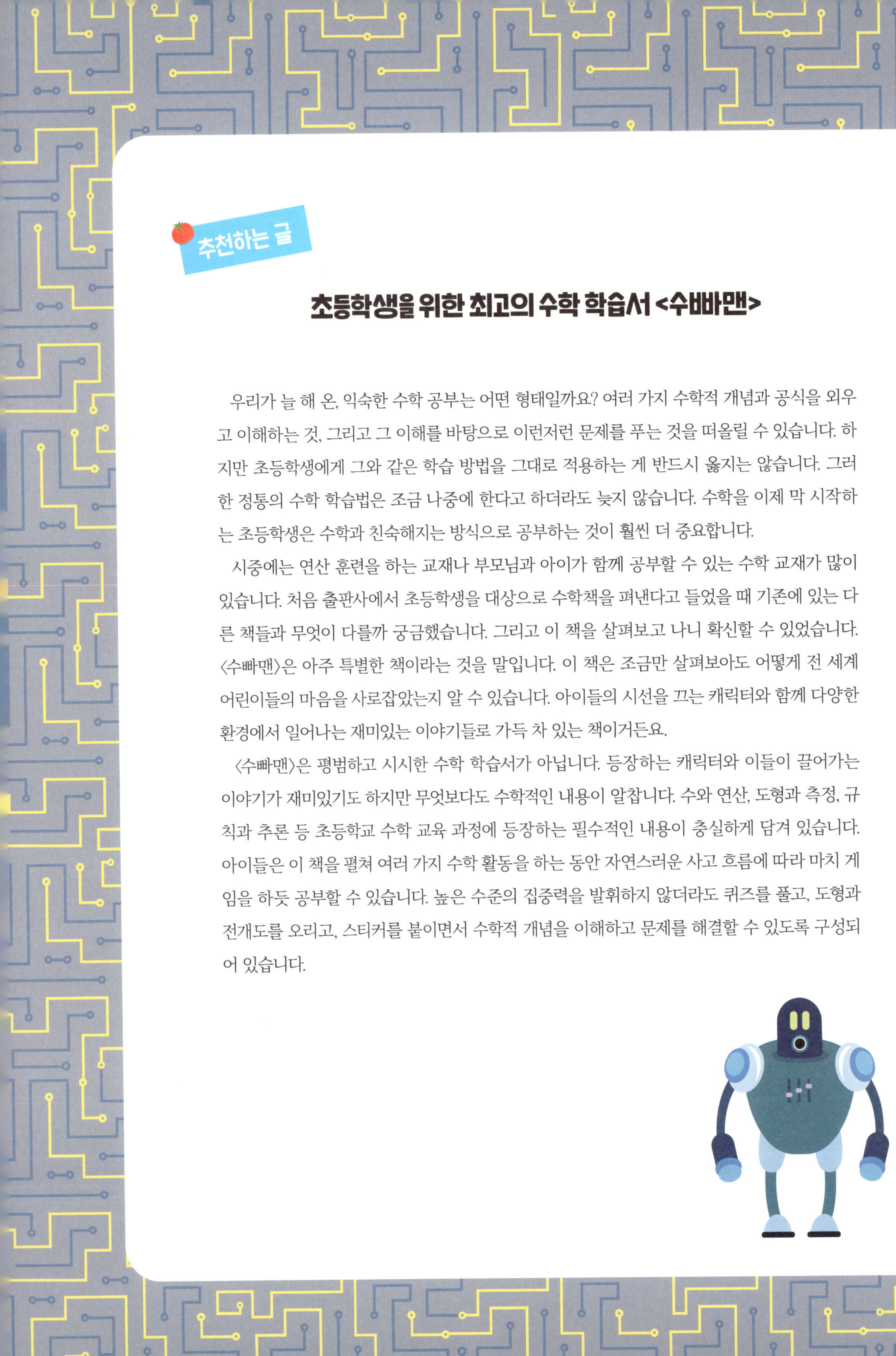

이 책은 단원마다 짧은 이야기에서부터 시작합니다. 기발하면서도 재미난 상상이 가득한 이야기를 읽고 이야기와 긴밀하게 이어진 수학 문제를 풀어 나가면서 수학 독해력을 기르는 훈련을 할 수 있습니다. 여러 가지 이야기들을 통해 수학이 생활과 밀접하게 연관되어 있다는 것을 체득하며 수학에 호기심과 흥미가 자연스럽게 생길 수 있도록 돕습니다.

초등학교 때에는 수학을 꼭 남들보다 더 잘할 필요는 없습니다. 수학과 친해지고 수학에 대한 자신감을 가지는 것이 수학 문제를 잘 푸는 것보다 더 중요합니다. 학습 진도를 정규 과정보다 많이 앞서 나가지 않아도 됩니다. 호기심과 집중력을 가지고 공부하기만 하면 수학은 아주 재미있는 공부라는 것, 열심히 하면 나도 수학을 잘할 수 있다는 것을 느끼게 해 주면 됩니다. 수학에 흥미와 자신감이 있으면 때때로 너무 어려운 문제가 나오더라도 쉽게 포기하지 않고 문제를 스스로 해결하기 위해 부딪히고 애쓸 힘이 생깁니다.

그런 의미에서 〈수빠맨〉은 초등학생들을 위한 최고의 수학 학습서 중 하나라고 확신합니다. 아이 스스로, 또는 부모와 함께 〈수빠맨〉으로 재미있게 수학 공부를 하다 보면 저절로 수학과 친해질 것입니다.

송용진
(수학자, 인하대학교 명예 교수)

한국을 대표하는 위상수학자입니다. 서울대학교 수학과를 졸업하고 미국 오하이오주립대에서 박사학위를 받았습니다. 오랫동안 영재교육과 수학올림피아드에 대한 일을 해 왔으며 지금은 국제수학올림피아드 선출직 위원(IMO BOARD MEMBER)으로 활동하고 있습니다. 쓴 책으로 《수학은 우주로 흐른다》, 《영재의 법칙》, 《수학자가 들려주는 진짜 논리 이야기》 등이 있습니다.

9 x 10
22 x 33
35
03
3 x 4

사칙연산 심화

한 단계 올라간 사칙연산을 함께 공부해 봅시다.
곱셈과 나눗셈을 세로식으로 풀어 보고
곱셈의 교환법칙과 결합법칙을 익힐 뿐 아니라,
최대공약수를 구하는 법을 연습합니다.
스토리를 따라 한층 다양해진 사칙연산을
재미있게 배워 보세요.

이른 아침, 알버트는 시끄러운 알람 소리에 잠에서 깼어요.

무슨 일이 일어났다는 생각에 알버트가 연구실로 뛰어 들어가 보니, 심각한 표정으로 콧수염을 만지는 우주 연구소 박사와 라이카가 있었어요. 박사가 걱정스러운 얼굴로 말했어요.

"알버트, 라이카. 곱셈구구 행성의 공장에 문제가 생긴 모양이야. 중앙 통제실과 로봇 모두 응답이 없어. 일주일 안에 해결하지 않으면, 앞으로 계산 에너지 생산이 불가능할 거야."

"계산 에너지가 없으면 컴퓨터도, 휴대 전화도, 계산기도 사용할 수 없어요."

"그냥 두고 볼 수는 없어! 박사님, 저희가 어떻게 하면 되죠?"

"좋은 자세야, 알버트. 지금 당장 곱셈구구 행성으로 가서 무슨 일이 일어나고 있는지 알아내도록 해. 그리고 계산 에너지를 다시 생산할 수 있도록 도와주렴. 수학의 미래는 너희 손에 달려 있어."

박사님은 진지한 얼굴로 물었어요.

"곱셈구구 행성의 로봇의 곱셈 나눗셈 인공 지능을 수리해야 한다. 할 수 있겠니?"

"그럼요, 박사님! 저희만 믿으세요."

로켓 발사 준비 완료!

로켓을 발사하려면 18톤의 연료를 써서 주 추진체를 작동해야 합니다.
6톤짜리 연료통이 몇 통 필요할까요? 연료통 스티커를 필요한 개수만큼 붙여 보세요.
양쪽의 보조 추진체는 각각 12톤의 연료가 필요합니다.
3톤짜리 연료통이 모두 몇 통 필요할까요? 연료통 스티커를 필요한 개수만큼 붙여 보세요.

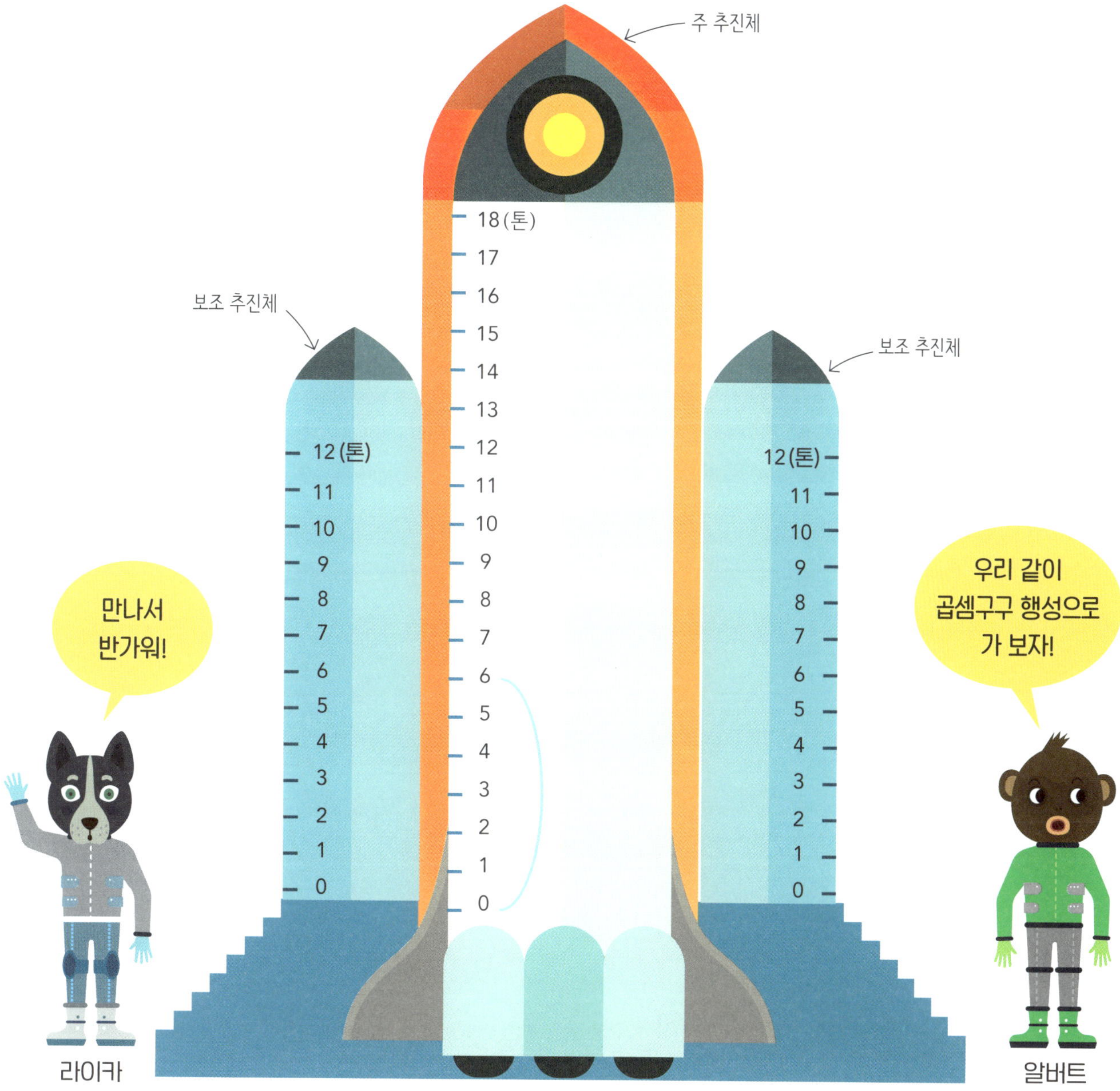

곱셈구구 행성을 향해서!

발사를 기다리는 동안, 알버트와 라이카가 탐사를 도와줄 로봇 조수를
조립할 거예요. 우주여행에서 로봇 조수는 꼭 필요하거든요.
조수이자 탐지기이자, 어려운 계산까지 척척 해내지요.
이름은 '티티'예요.

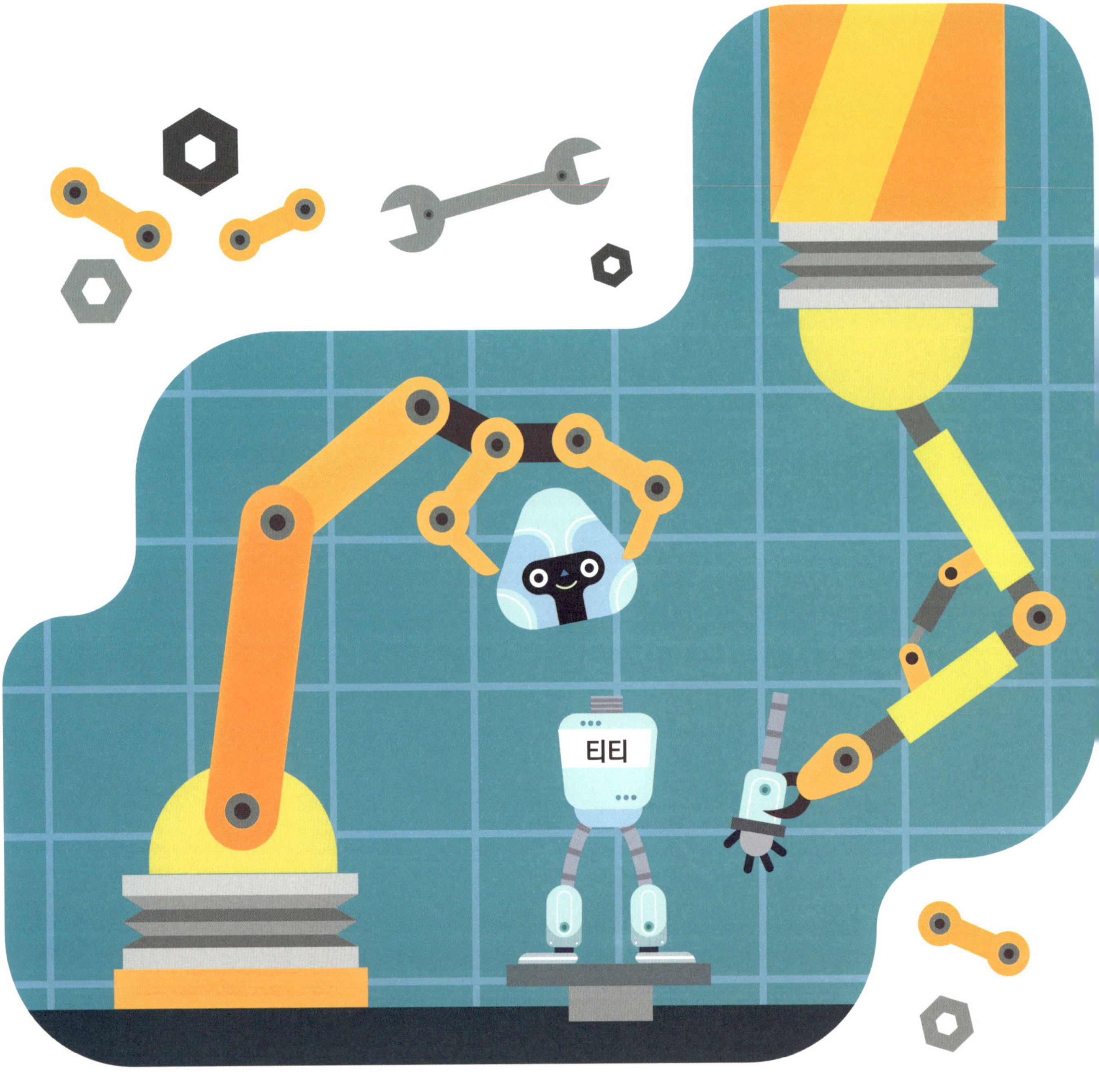

알버트와 라이카가 로봇을 조립하는 동안, 우리가 이 문제를 풀어야 해요.
로켓 발사를 위해 십자 퍼즐 두 개를 완성해 보세요.

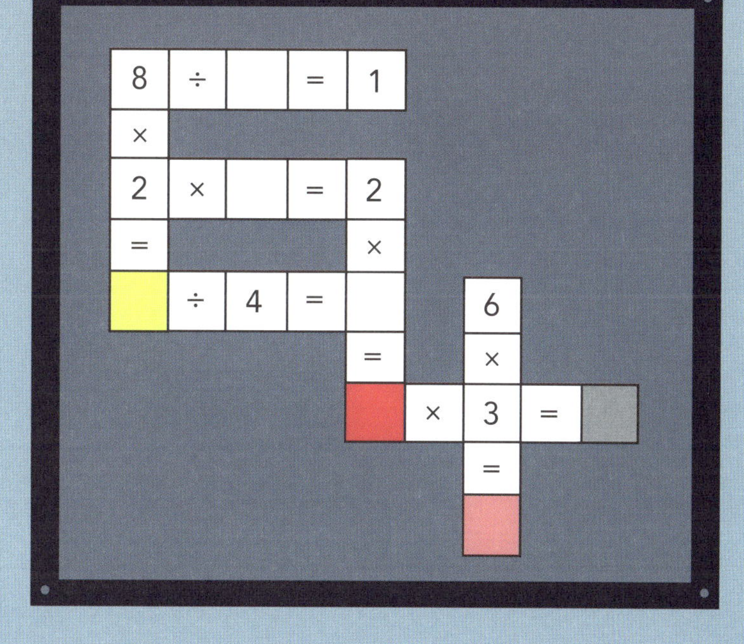

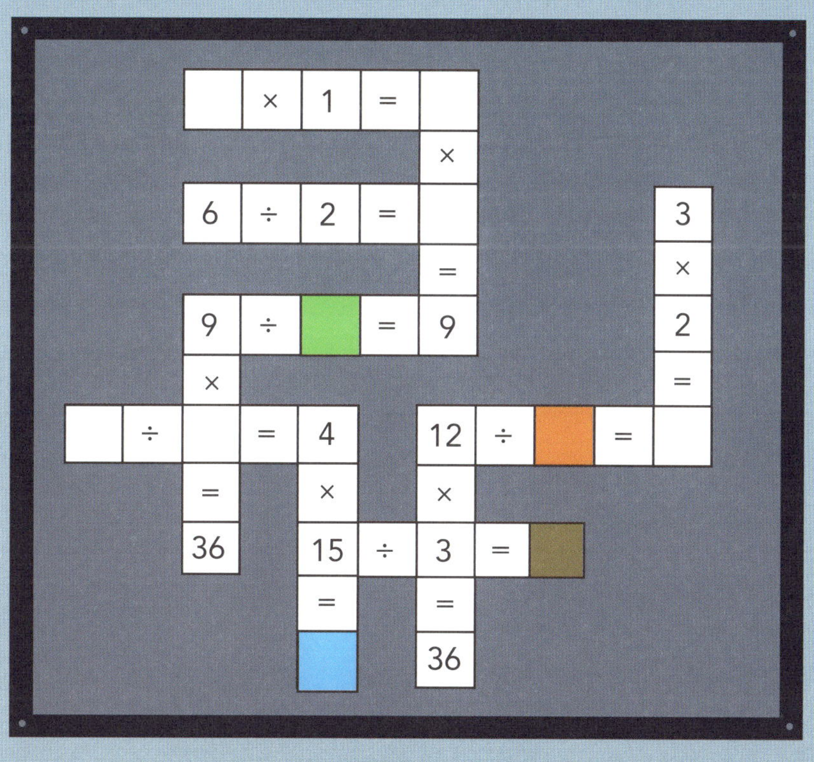

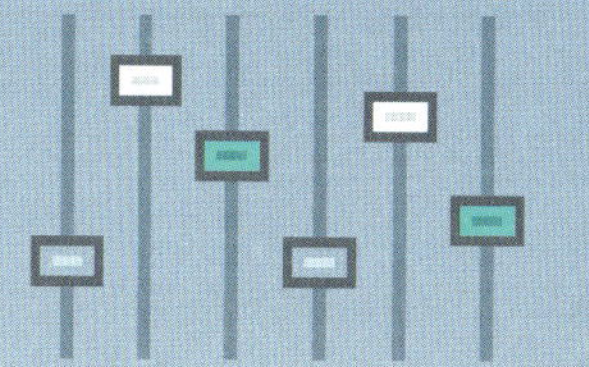

로켓 발사!

"드디어 곱셈구구 행성으로 떠난다!"
신난 라이카에게 티티가 우주선을 조종하며 말했어요.
"대기권에 있는 수학 문제들을 풀지 못하면 장애물에 부딪혀요. 높이 올라갈수록
더 어려운 문제가 나타나니 끝까지 집중해서 답을 써 주세요."

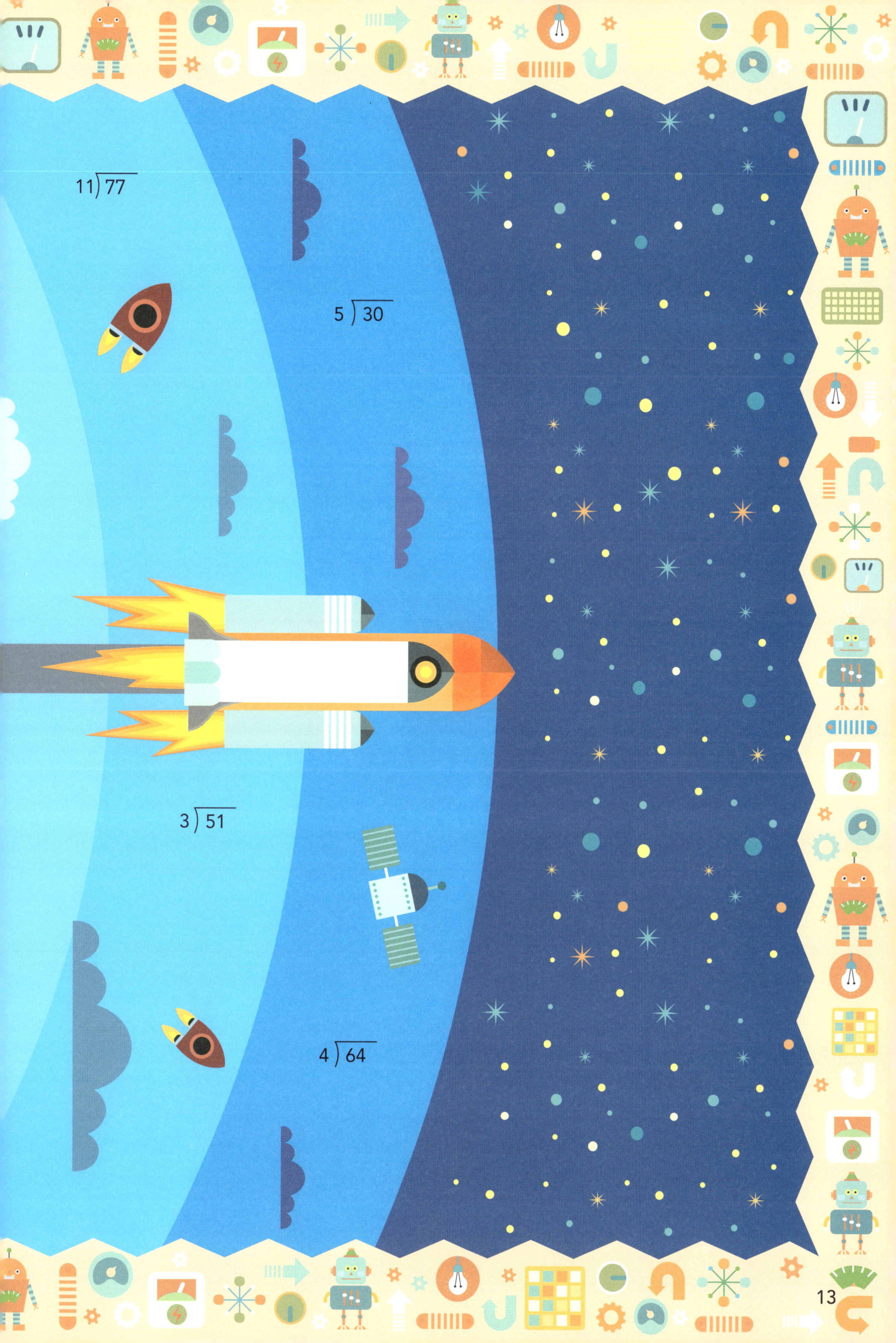

11)77
5)30
3)51
4)64

곱셈구구 행성 탐사

분화구에서 곱셈 공장 건물을 발견한 알버트와 라이카는 티티를 보내 탐사해 보기로 했어요.
그런데 분화구의 먼지 때문에 티티가 고장이 나 버렸네요. 어서 수리해야겠어요.
곱셈구구를 바르게 고쳐서 책 뒤의 숫자 스티커를 붙여 주세요.

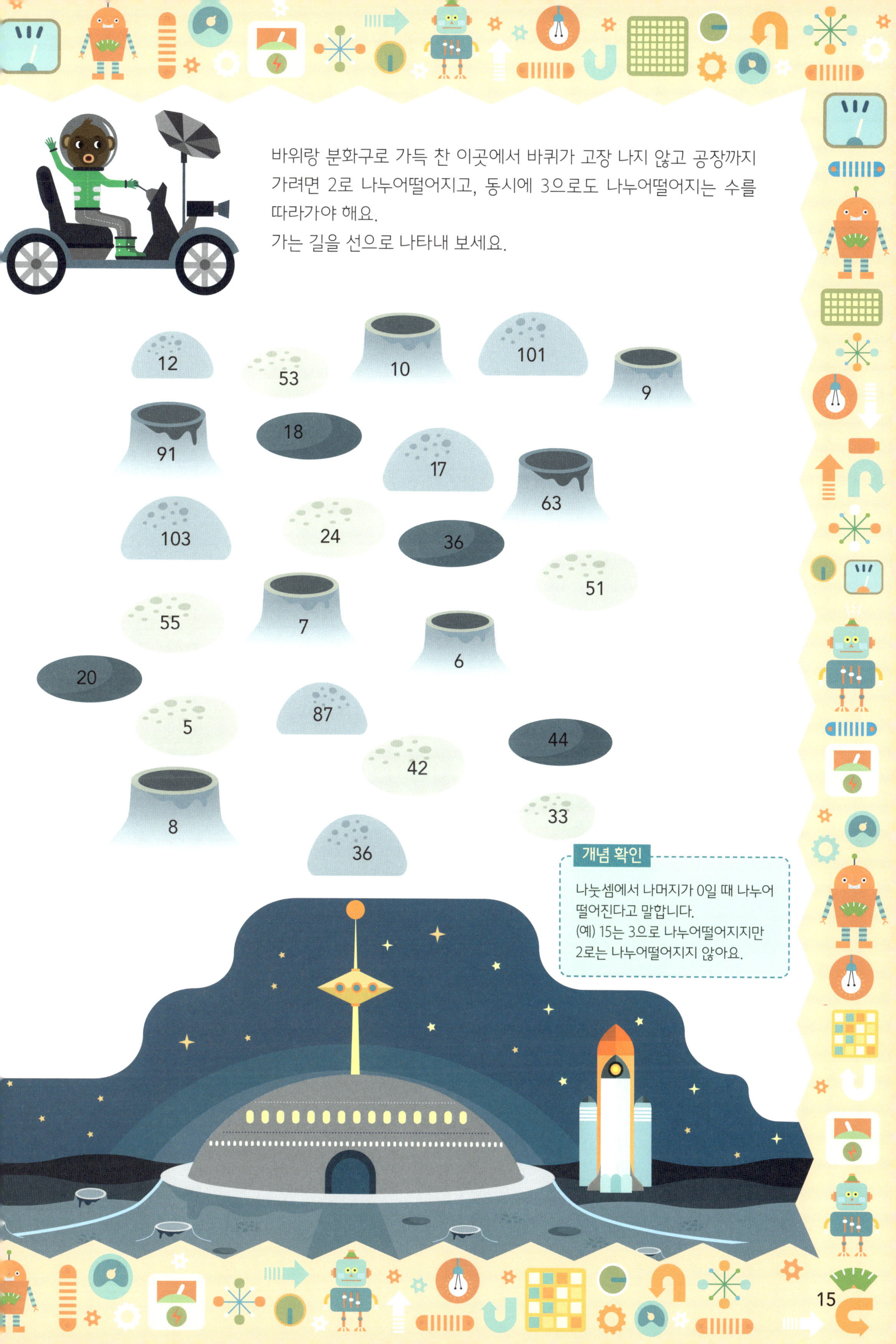

바위랑 분화구로 가득 찬 이곳에서 바퀴가 고장 나지 않고 공장까지 가려면 2로 나누어떨어지고, 동시에 3으로도 나누어떨어지는 수를 따라가야 해요.
가는 길을 선으로 나타내 보세요.

개념 확인

나눗셈에서 나머지가 0일 때 나누어떨어진다고 말합니다.
(예) 15는 3으로 나누어떨어지지만 2로는 나누어떨어지지 않아요.

곱셈 공장에 도착!

공장 근처에서 곱셈 기호와 숫자가 섞인 고철 더미를 발견했어요.
더미 속에서 문제의 답을 찾아 식을 완성해 보세요.

$8 \times 8 =$ $9 \times 9 =$ $2 \times 2 =$ $5 \times 5 =$ $1 \times 1 =$ $7 \times 7 =$

$10 \times 10 =$ $4 \times 4 =$ $12 \times 12 =$ $11 \times 11 =$ $6 \times 6 =$ $3 \times 3 =$

"라이카, 문이 닫혀서 열리지 않네. 아무래도 시스템을 해킹
해야 할 것 같아!"
알버트가 말했어요.
"곱셈의 교환법칙을 활용하면 될 거야. 내가 정리한 수학 노
트를 보고 문제를 풀어 보자."
라이카가 주머니에서 노트를 꺼냈어요.

라이카에게 암호를 알려 줄 차례예요.
문제를 푼 뒤, 키패드에 있는 수에 ○ 표시를 해 주세요.

$4 \times 2 =$ $3 \times 2 =$ $2 \times 1 =$ $3 \times 3 =$

"아, 여기에도 문제가 있었잖아? 어쩐지, 너무 쉽다 했어."
라이카를 도와 책 뒤의 스티커에서 알맞은 답을 찾아 붙여 주세요.

(1) 위에서 찾은 암호의 숫자 중 2로
    나누어떨어지지 않는 수는?

(2) 3×2를 다르게 나타내는 방법은?

(3) 4×2를 다르게 나타내는 방법은?

(4) 암호의 숫자 중 2로도 나누어떨어지고
    3으로도 나누어떨어지는 수는?

망가진 멍키 스패너와 경비 로봇

망가진 멍키 스패너를 발견했어요. 잘만 고치면 곱셈구구 공장을 수리하는 데
도움이 될 거예요. 멍키 스패너를 고치려면 사이사이 빠진 조각들을 채워야 해요.
아래 단서를 보고 책 뒤에서 알맞은 스티커를 붙여 보세요.

힌트 멍키 스패너의 모든 부분은 5의 곱셈구구 값으로 이루어져 있다.

정말로 곱셈 공장의 문이 열렸어요!
"어두워서 아무것도 보이지 않아. 티티, 전등으로 길을 비춰 줘!"
"으음, 저게 뭐지? 헉, 경비 로봇이다!"
알버트가 외쳤어요.
오른쪽의 경비 로봇 그림에 있는 곱셈 문제를 풀고 아래 보기에서 답이 속한 범위의 색으로 경비 로
봇을 칠해야 해요. 안 그러면 우리 모두 꼼짝 없이 우주로 추방될 거예요.

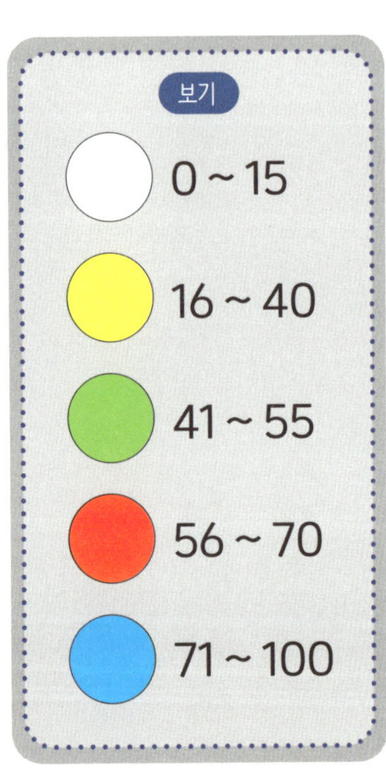

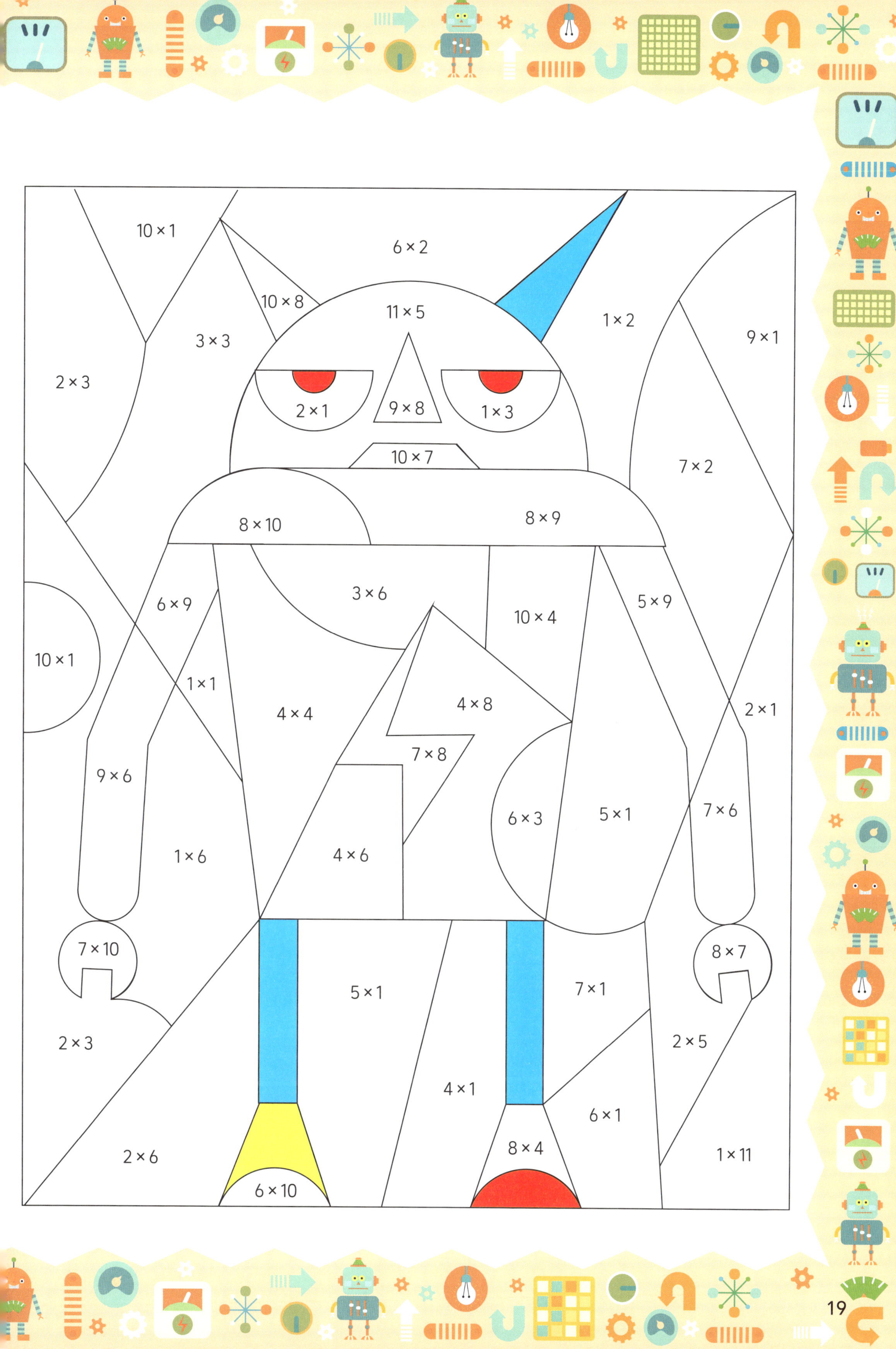

10 × 1
6 × 2
1 × 2
9 × 1
10 × 8
11 × 5
3 × 3
2 × 3
2 × 1
9 × 8
1 × 3
7 × 2
10 × 7
8 × 10
8 × 9
6 × 9
3 × 6
10 × 4
5 × 9
10 × 1
1 × 1
4 × 4
4 × 8
2 × 1
7 × 8
9 × 6
6 × 3
5 × 1
7 × 6
1 × 6
4 × 6
7 × 10
5 × 1
7 × 1
8 × 7
2 × 3
4 × 1
2 × 5
6 × 1
2 × 6
8 × 4
1 × 11
6 × 10

경비 로봇을 수리해 줘!

우리가 정답을 맞혀도 가만있는 걸 보면 경비 로봇이 고장 난 것 같아요.
"이 회로를 연결하면 될 것 같은데… 계산식을 풀어서 답과 연결해 보자!"
곱셈식과 답을 선으로 연결해 주세요.

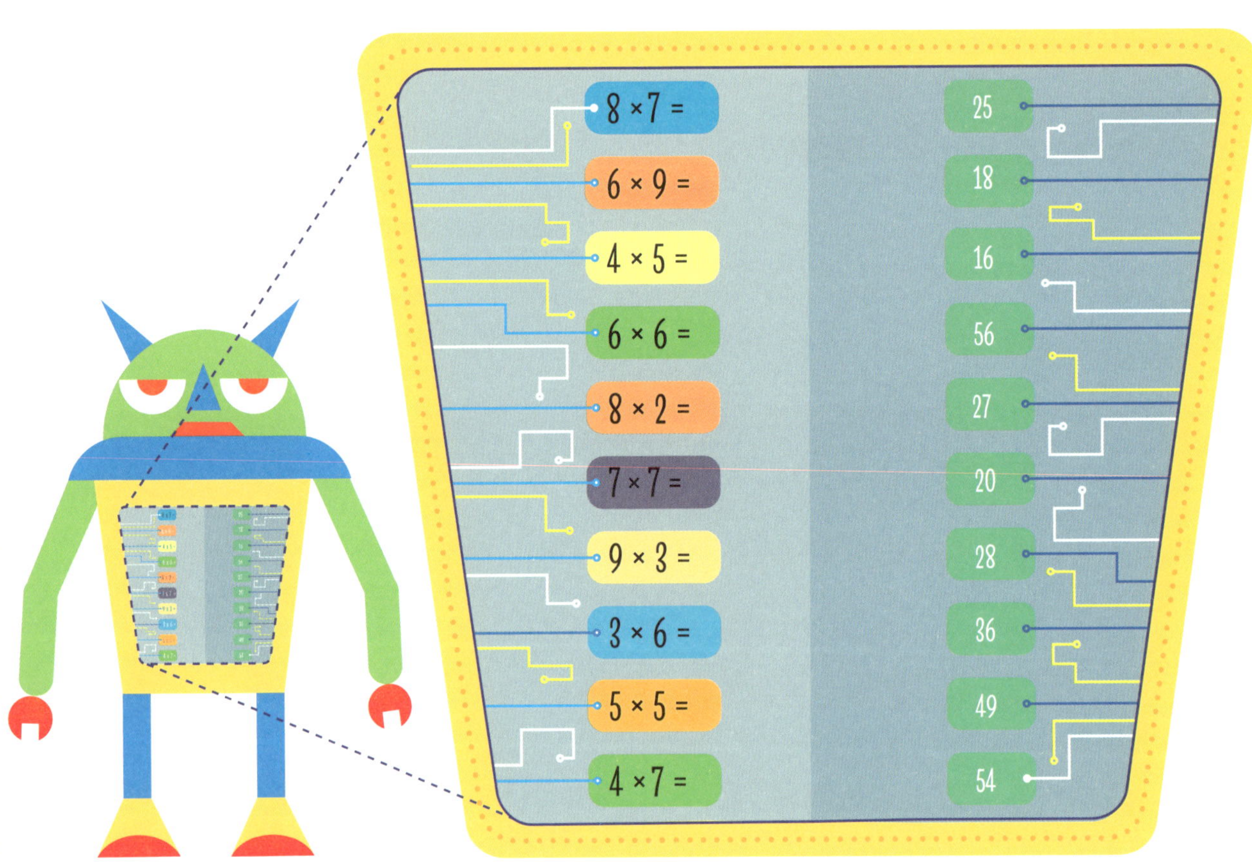

"음, 전원도 고쳐야겠는걸. 빨간 상자부터 화살표 방향을 따라가며 계산식을 완성해야 해."
라이카를 도와 문제를 풀어 주세요. 가운데 빈칸에 들어갈 수가 무엇인지 구하고 알맞는
스티커를 붙여 주세요.

"이번에는 파란 상자부터 시작이야. 앞의 문제처럼 화살표를 따라가며 계산하면 돼."
알버트가 말했어요. 빈칸에 들어갈 수를 쓰고 가운데에 알맞은 스티커를 붙여 주세요.

"중앙 통제실에 침입자가 있다고? 그럼 어서 가야지!"
"하지만 이 넓은 곳에서 중앙 통제실을 어떻게 찾지?"
알버트가 라이카에게 물었지만, 라이카도 뾰족한 수가 없었죠.
그런데 그때였어요!

3	50	12	7	15	14	28	27	81
18	100	5	54	40	42	56	36	20
6	30	24	63	9	10	80	21	35

엘리베이터가 곱셈 공장의 중앙부로 내려
가고 있어요. 알버트와 라이카 모두 긴장
해 있는데 티티는 태평하게 휘파람을 불었
어요. 그러다 티티가 갑자기 휘파람을 뚝
멈추더니 다급하게 말했어요.
"앗, 여러분. 드릴 말씀이 있어요!"

쿵!

"끄악, 이게 뭐야!"
알버트가 커다란 소리에 놀라며 말했어요.
"헤헤, 방금 통로 스캔을 끝냈는데
 엘리베이터가 막혀 있더라고요.
 그런데 이미 늦었네요."
티티가 머쓱해하며 말을 이었어요.

"여기서부터는 걸어가야 할 것 같아요.
 두 층만 더 내려가면 되니, 저를 따라오세요!"

감시 카메라를 피해라!

"멈춰! 사방이 감시 카메라야. 들키지 않으려면 *사각지대로만 움직여야 해."

"티티, 사각지대를 어떻게 알 수 있지?"

"분석 결과, 각 감시 구역은 보기와 같습니다. 감시 카메라(T)의 위치를 기준으로 곱셈식의 값만큼 색칠하면 됩니다! 빨간 숫자는 가로 칸의 수, 초록 숫자는 세로 칸의 수입니다. 색칠하지 않은 부분이 사각지대입니다."

보기의 규칙대로 색칠해 사각지대를 찾아주세요.

보기				
T1 구역	5	×	3	=
T2 구역	14	×	2	=
T3 구역	6	×	9	=
T4 구역	6	×	6	=
T5 구역	7	×	6	=
T6 구역	13	×	3	=

*사각지대: 너무 가까이 있거나 무언가에 가려져 보이지 않는 곳을 말해요.

교점을 찾아라!

감시 카메라를 벗어나자마자 센서가 있네요. 세로줄과
가로줄의 개수를 곱하면 교점의 개수가 나옵니다.
교점의 개수를 구해 보세요.

암호를 풀어라!

중앙 통제실의 문을 열려면 아래의 밸브를 정확하게 돌려야 해요.

이 밸브는 화살표가 왼쪽을 향하면 어떤 수를 곱하고, 오른쪽을 향하면 어떤 수로 나누는 규칙이 있습니다.

밸브 위의 수에서 규칙을 찾아 빈칸에 알맞은 수를 쓰고, □ 안에 알맞은 식을 써넣으세요.

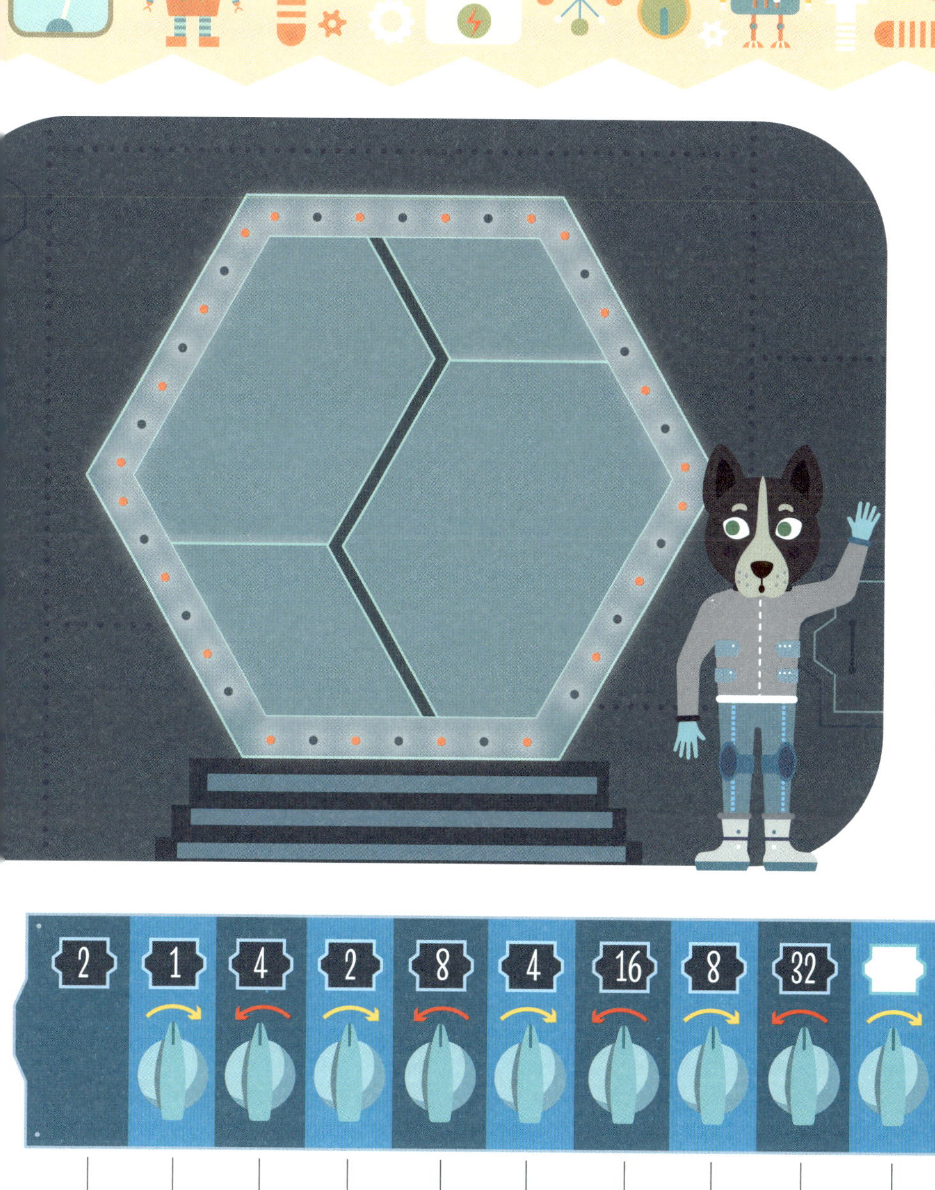

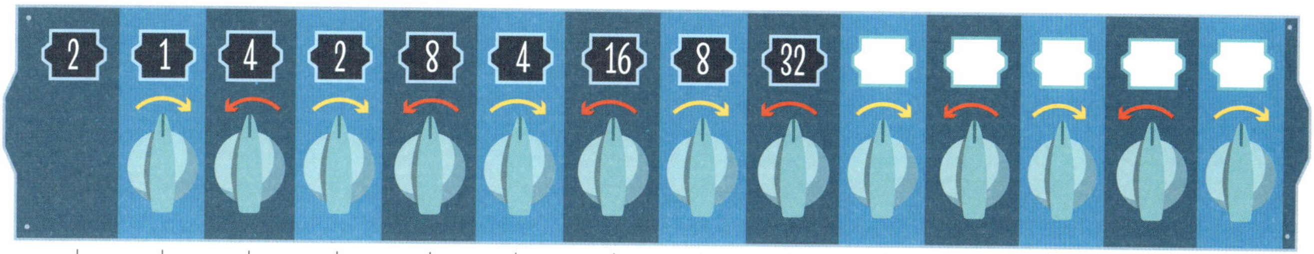

2 ÷ 2 = 1

1 × 4 = 4

4 ÷ 2 = 2

2 × 4 =

8 ÷ 2 =

4 × 4 =

16 ÷ 2 =

8 × 4 =

□

□

□

□

□

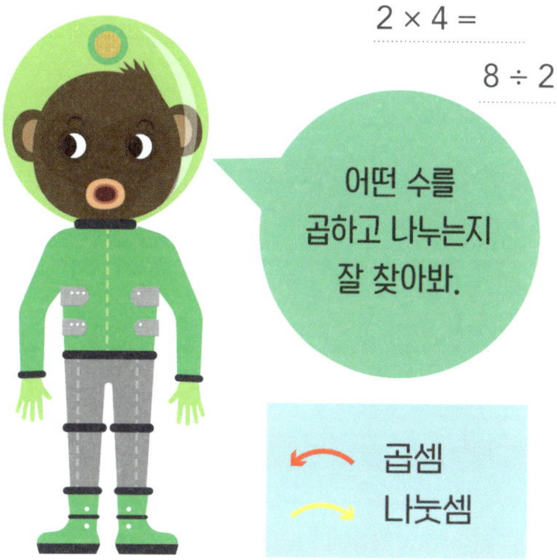

곱셈

나눗셈

쿵푸 로봇의 습격

중앙 통제실 문을 열자마자, 쿵푸 로봇이 라이카와 알버트를 공격하기 시작했어요. 쿵푸 로봇에 맞서 싸우려면 로봇의 숫자 부분 중 약한 부분을 골라 부숴야 해요.

아래 설명을 읽고, 알맞은 수에 모두 ◯ 한 다음, 찾은 수에 주먹 스티커를 붙여 보세요.

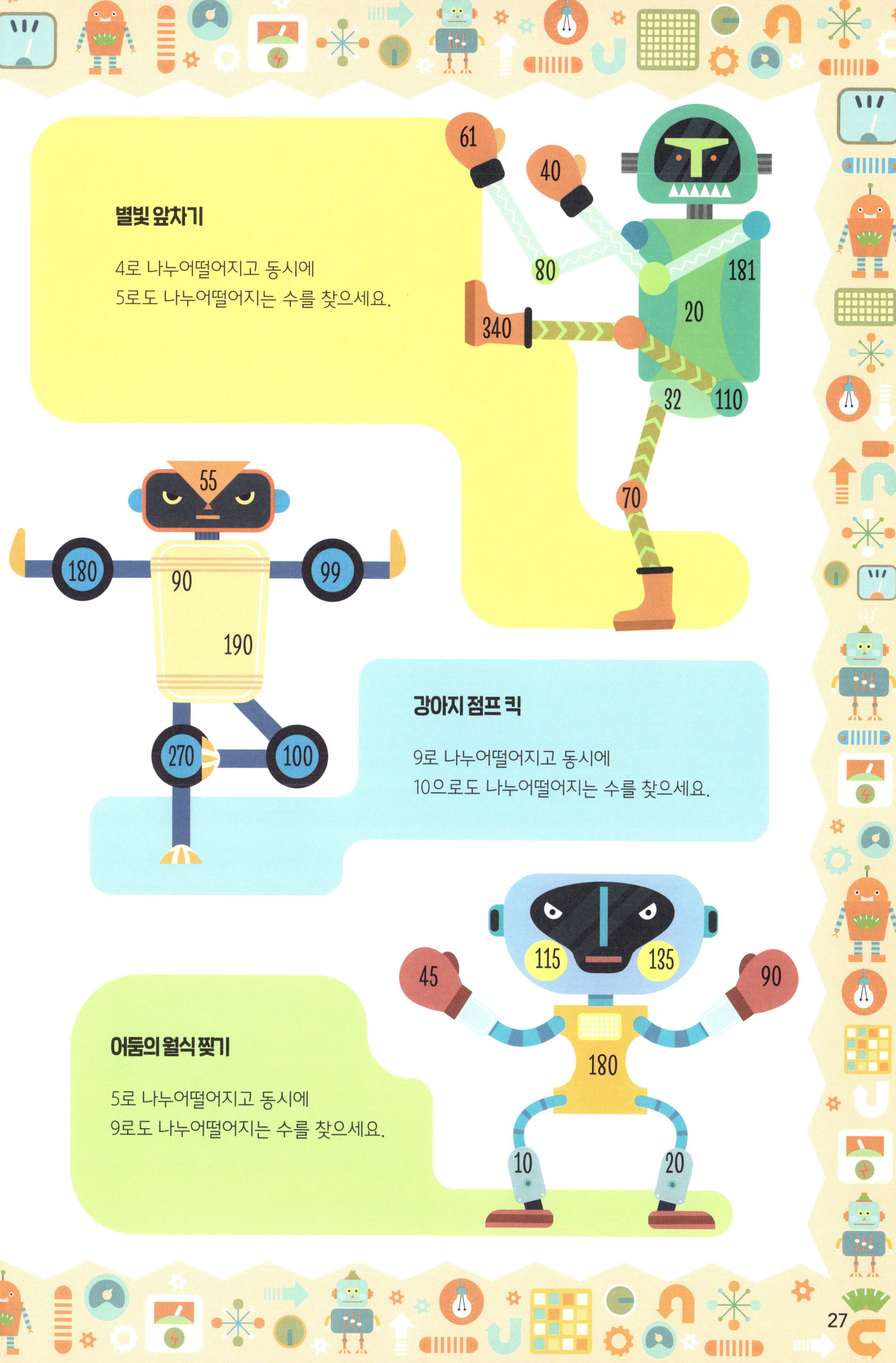
별빛 앞차기

4로 나누어떨어지고 동시에
5로도 나누어떨어지는 수를 찾으세요.

61
40
80
181
340
20
32
110
70

55
180
90
99
190
270
100

강아지 점프 킥

9로 나누어떨어지고 동시에
10으로도 나누어떨어지는 수를 찾으세요.

115
135
45
90
180
10
20

어둠의 월식 찢기

5로 나누어떨어지고 동시에
9로도 나누어떨어지는 수를 찾으세요.

미로에서 탈출하라!

로봇 조립실이 마치 미로처럼 복잡하네요.
티티가 길을 찾는 걸 도와주세요!
왼쪽 옆 곱셈식의 답을 순서대로 따라가 보세요.

$7 \times 1 =$

$7 \times 6 =$

$7 \times 3 =$

$7 \times 5 =$

$7 \times 7 =$

$7 \times 9 =$

$7 \times 2 =$

$7 \times 4 =$

$7 \times 8 =$

$7 \times 11 =$

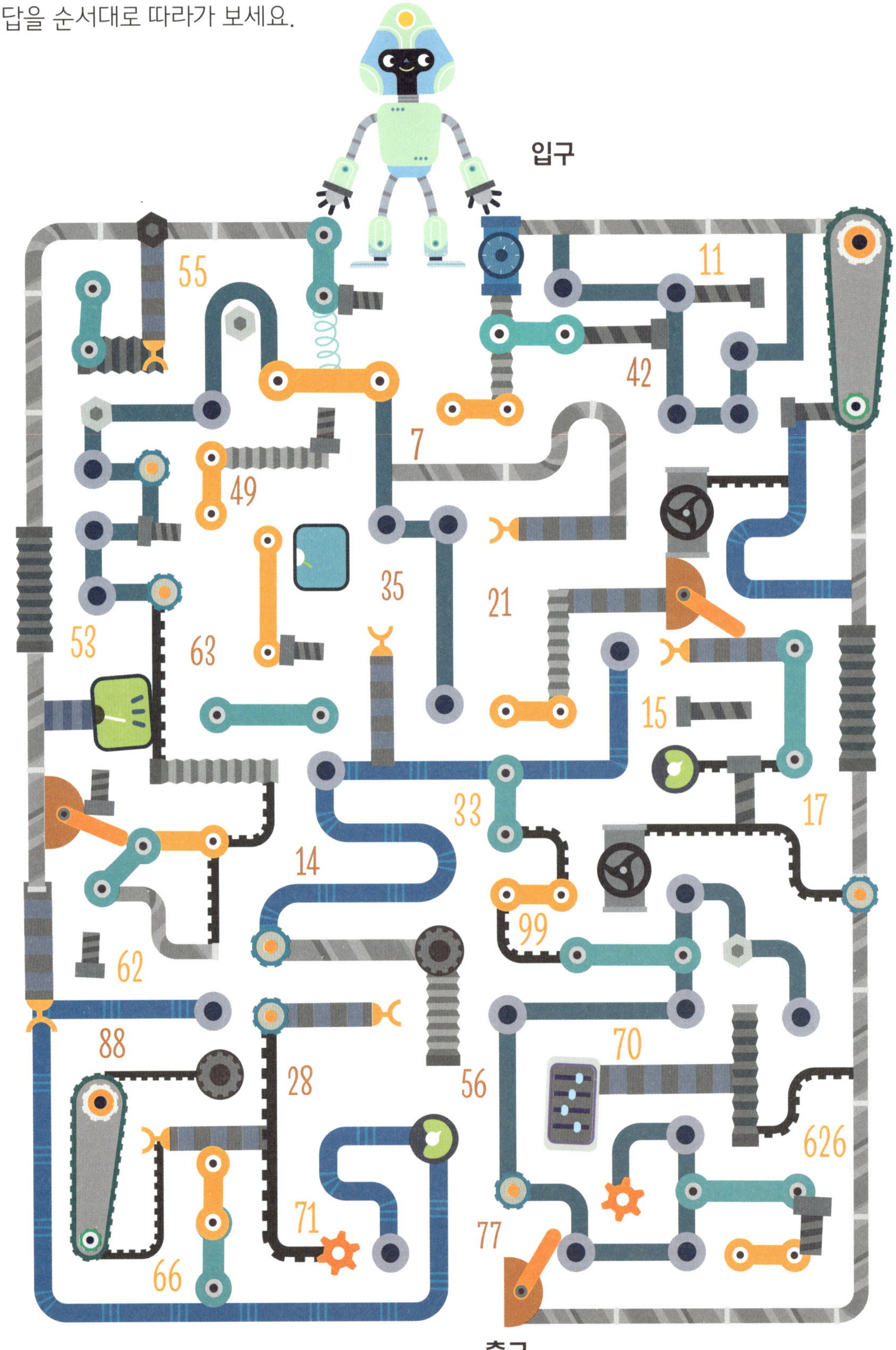

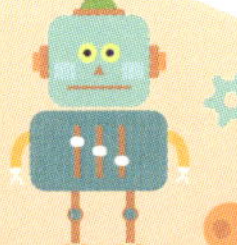

위험해요!

미로를 빠져나오니 라이카와 알버트를 추격하는 로봇들이 기다리고 있었어요. 티티가 도망갈 길을 찾았는데, 자물쇠로 잠겨 있네요. 라이카가 자물쇠를 여는 걸 도와주세요!

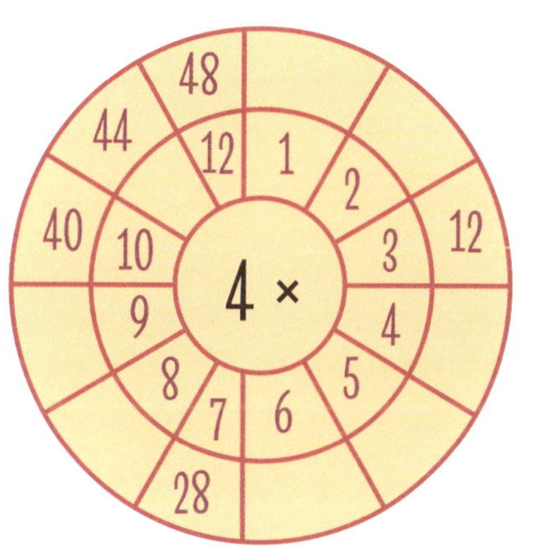

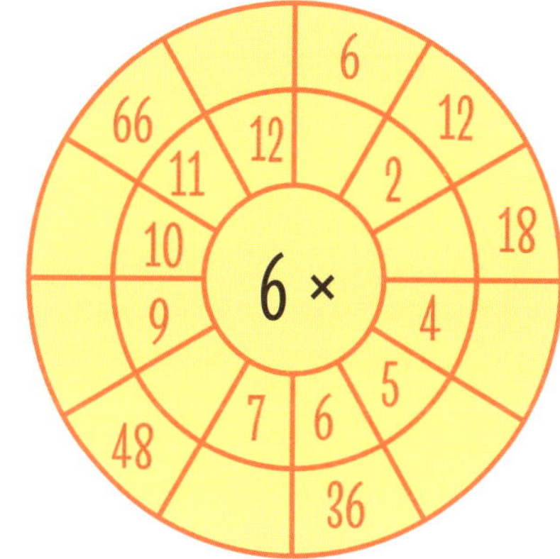

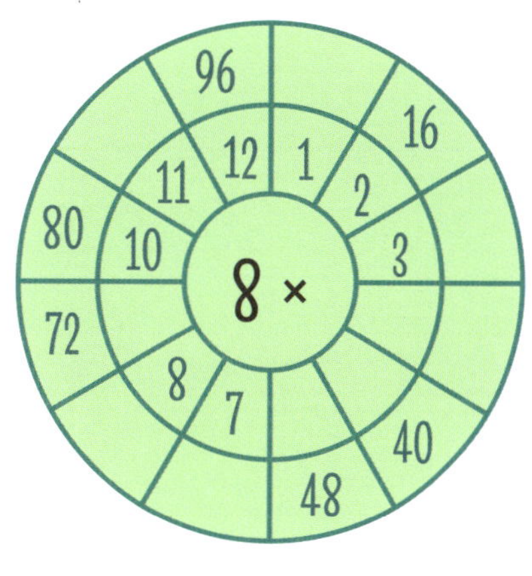

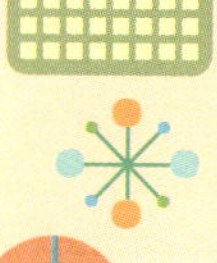

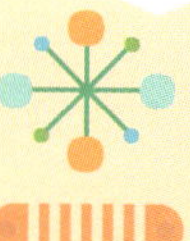

에너지 충전하기

"제 배터리가 거의 다 닳았어요. 계산 에너지가 필요해요!"
티티가 다급하게 말하자, 알버트와 라이카가 주위를 둘러보았어요.
"이런, 계산 에너지를 어디서 구하지? 여기는 로봇 공장이니까, 로봇 부품실에서 찾아보자."
"먼저 저 로봇들에서 티티에게 필요한 부품을 떼어 온 뒤에, 티티 몸에 조립하면 감쪽같을 거야."
로봇의 부품에 적힌 문제를 풀고, 답과 일치하는
부품 스티커를 찾아 붙이세요.

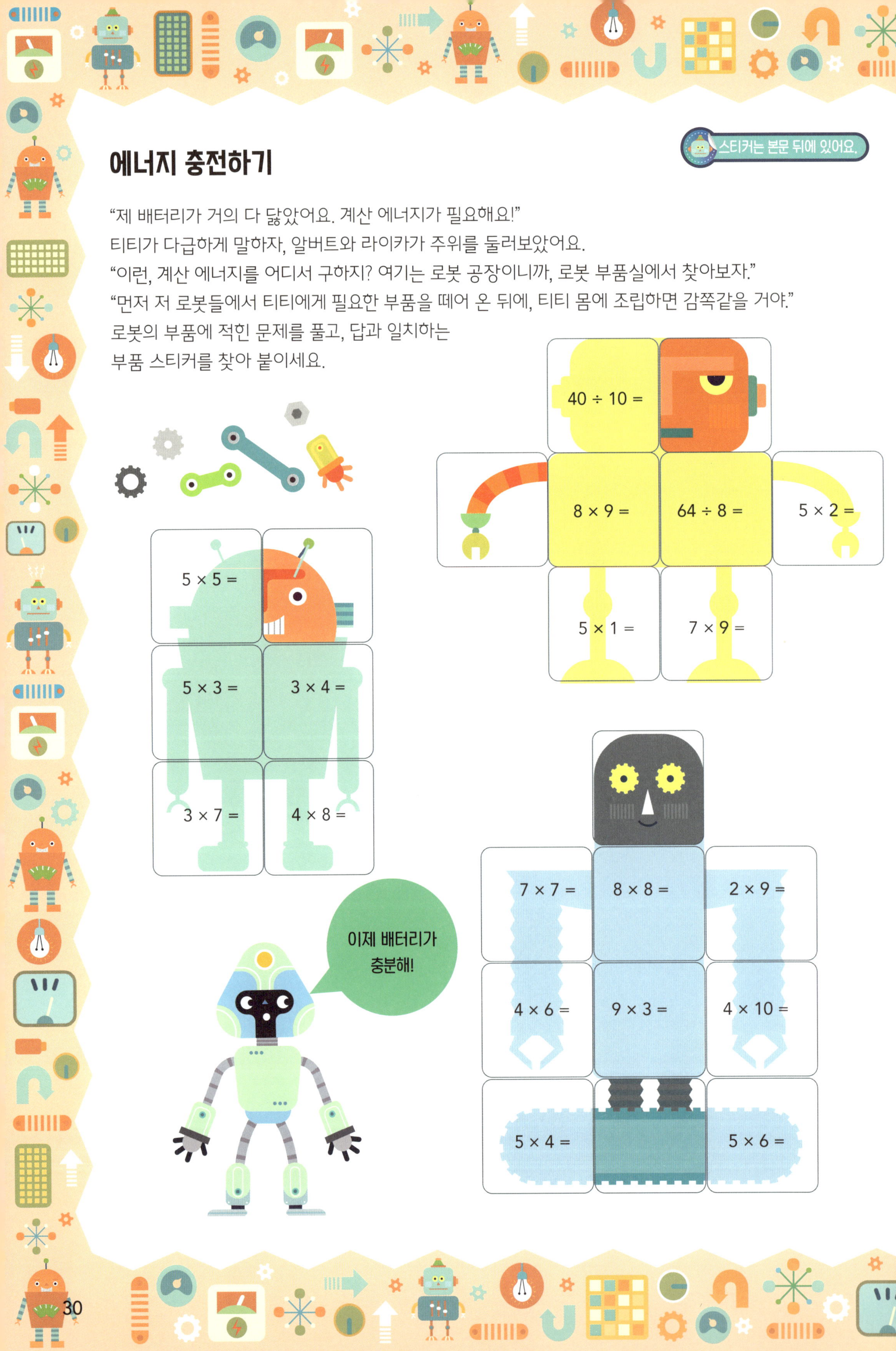

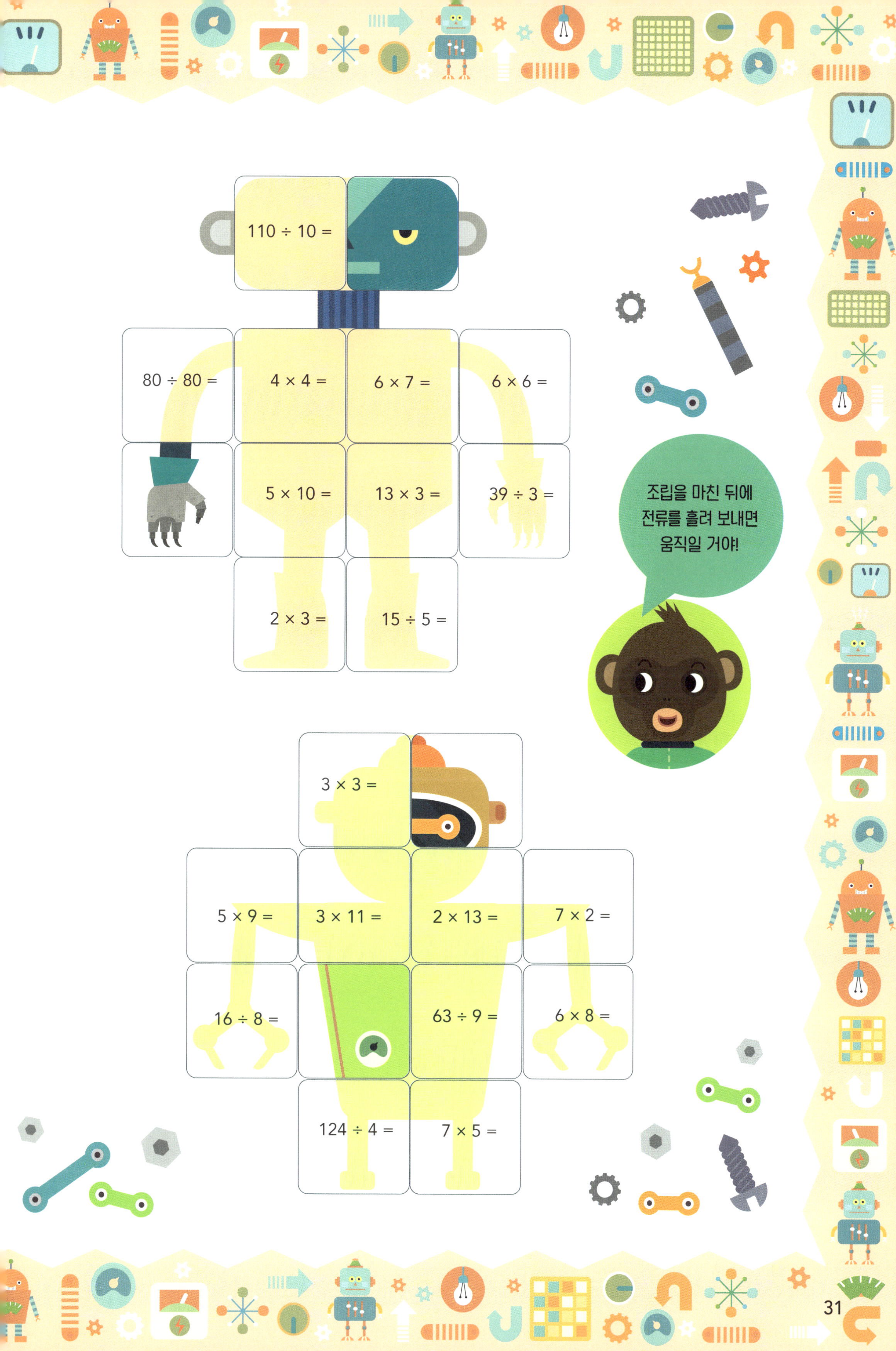

110 ÷ 10 =
80 ÷ 80 =
4 × 4 =
6 × 7 =
6 × 6 =
5 × 10 =
13 × 3 =
39 ÷ 3 =
2 × 3 =
15 ÷ 5 =
3 × 3 =
5 × 9 =
3 × 11 =
2 × 13 =
7 × 2 =
16 ÷ 8 =
63 ÷ 9 =
6 × 8 =
124 ÷ 4 =
7 × 5 =
조립을 마친 뒤에
전류를 흘려 보내면
움직일 거야!

손으로 하는 곱셈구구

라이카와 알버트, 티티가 드디어 중앙 통제실로 향하는 문에 도착했어요.
"저 문을 열면 곱셈구구 공장에서 무슨 일이 벌어지는지 알 수 있어."
"좋아. 문을 열려면 두 개의 암호 스캐너에 동시에 정확한 암호를 넣어야 해. 그러니까 곱셈구구를- 지지직-."
라이카가 무언가 말했지만, 알버트에게 전달되지 않았어요.
"안 되겠어, 라이카. 우리 손을 사용해서 곱셈구구를 해 보자!"

손으로
6, 7, 8단을 하는
방법은 아주 간단해!
먼저 손가락에 6부터 10까지의
번호를 매겨. 엄지는 항상 10,
새끼손가락은 항상
6이 될 거야.

그럼, 이제 7×8을 계산해 보자. 손등을 위로 가게 한 다음,
왼손의 7과 오른손의 8을 맞닿게 해. 그리고 맞닿은 손가락을 포함하여
그 위의 손가락 수를 모두 더해 봐. 5가 나올 거야. 그게 십의 자리 숫자야.
그다음에는 아래에 있는 손가락을 봐. 맞닿은 손가락을 빼면
왼손에 손가락 3개, 오른손에 손가락 2개가 있지?
그 두 수를 곱하면 6이 나와. 그럼, 그게 일의 자리 숫자야.

7 × 8 = 56

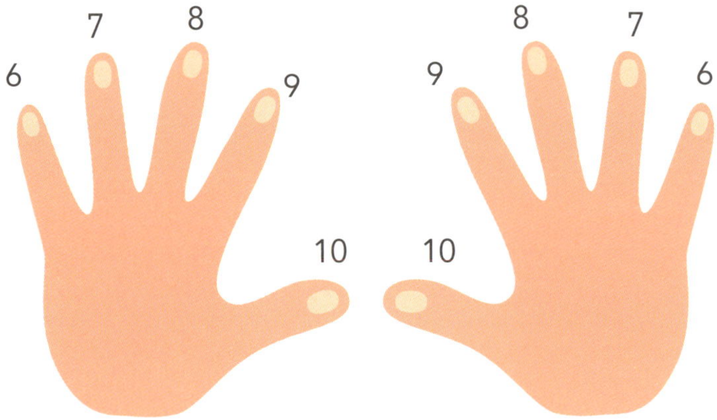

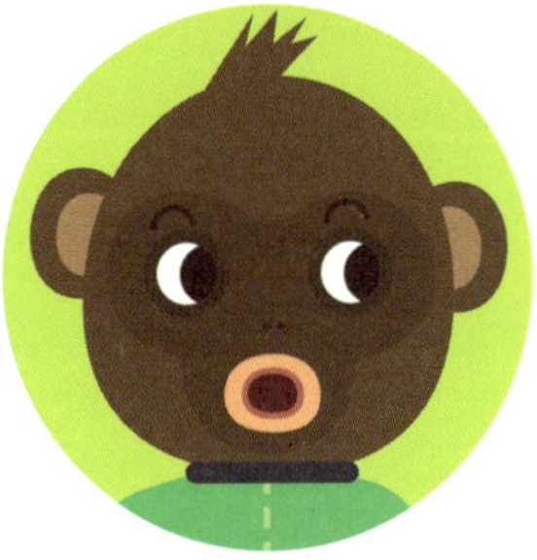

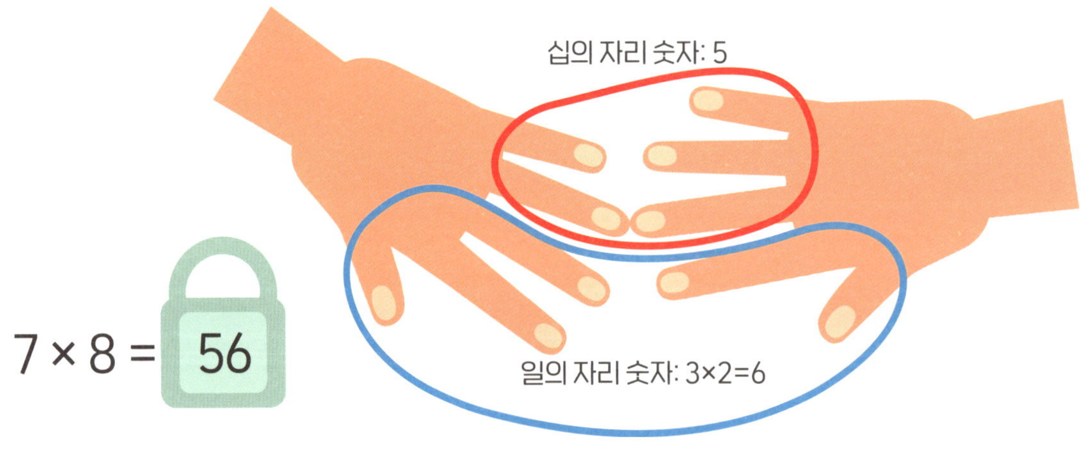

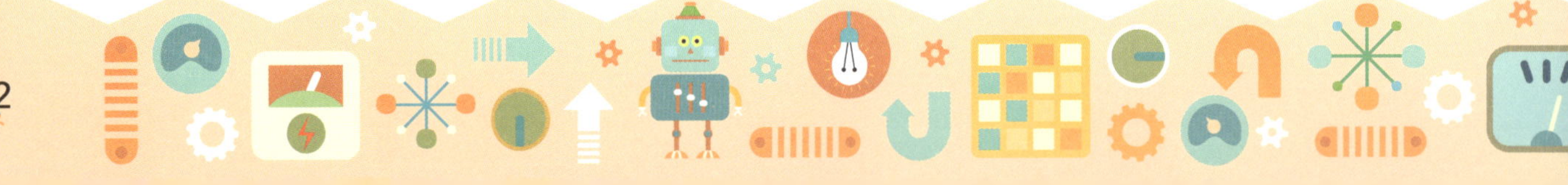

같은 방법으로 아래 곱셈구구를 계산해 보세요.

$6 \times 8 =$

$7 \times 9 =$

$8 \times 8 =$

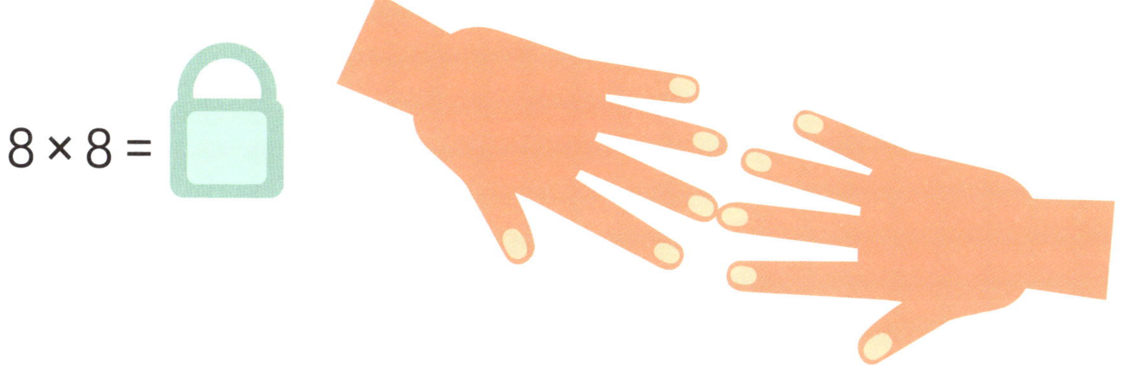

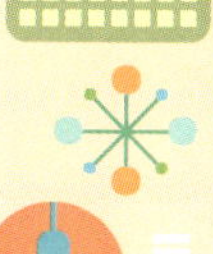

로봇들이 화가 났어요.

암호를 푼 라이카와 알버트가 중앙 통제실의 문을 박차고 들어갔어요. 하지만 그들은 할 말을 잃고 말았어요. 중앙 통제실 안은 로봇들로 빼곡히 차 있었고, 낡은 구형 로봇, 신형 로봇, 작은 로봇, 큰 로봇 할 것 없이 모두 험상궂은 표정을 짓고 있었거든요. 가운데에 서 있는 뚫어 로봇은 당장에라도 라이카와 알버트를 뚫어 버릴 듯 째려보았죠.

"다들 왜 이렇게 화가 난 거야? 어서 얘기해 봐."

라이카가 꼬리를 흔들며 다가갔지만 뚫어 로봇은 들은 체도 않고 드릴을 작동시켰어요.

"저저저저저저기, 우리 진정하고 얘기해 보자. 혹시 우리 말을 알아듣지 못하는 건가? 티티, 통역을 부탁해!"

라이카가 뒤로 물러서며 다급히 말했어요.

"안녕, 나는 티티야. 우리는 너희를 도우려고 왔어. 내가 로봇어를 통역해서 전달할게. 나에게 말해 줘!"

그러자 뚫어 로봇은 드릴을 멈추고 윙윙대는 소리를 내기 시작했어요. 여러분이 티티의 통역을 도와주세요!

통역을 도와주세요!

2로 나누어떨어지고 동시에 3으로도 나누어떨어지는 수를 찾아 칸을 파란색으로 색칠해 보세요.

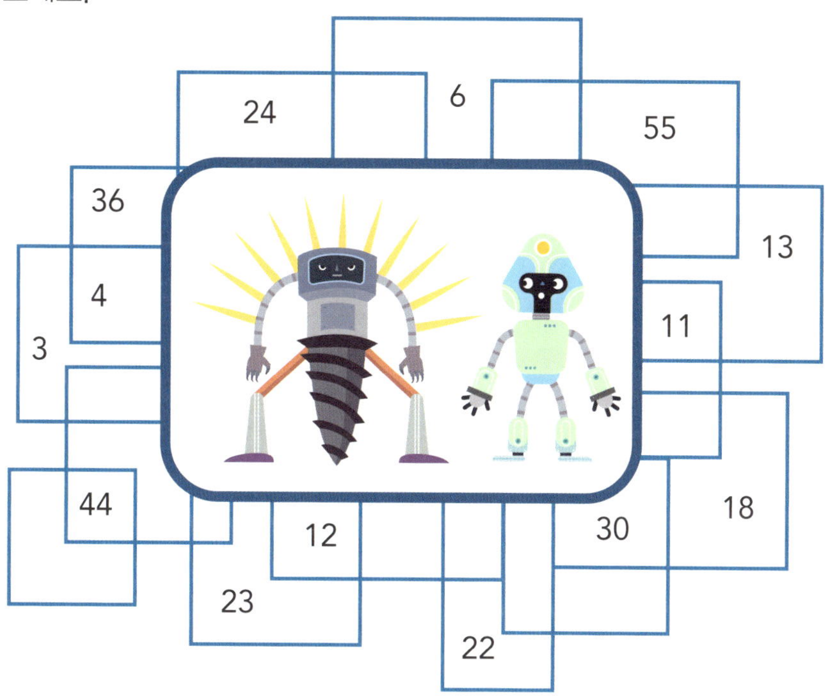

3으로 나누어떨어지고 동시에 5로도 나누어떨어지는 수를 찾아 칸을 초록색으로 색칠해 보세요.

(1) 파란색으로 색칠한 수를 작은 수부터 차례대로 써 보세요. ___________

(2) 초록색으로 색칠한 수를 작은 수부터 차례대로 써 보세요. ___________

스티커는 본문 뒤에 있어요.

이제 마지막 순서예요!
35쪽에서 구한 수와 일치하는 스티커를 찾아서 작은 수부터 차례대로 붙여 보세요.

손으로 하는 9단 곱셈구구

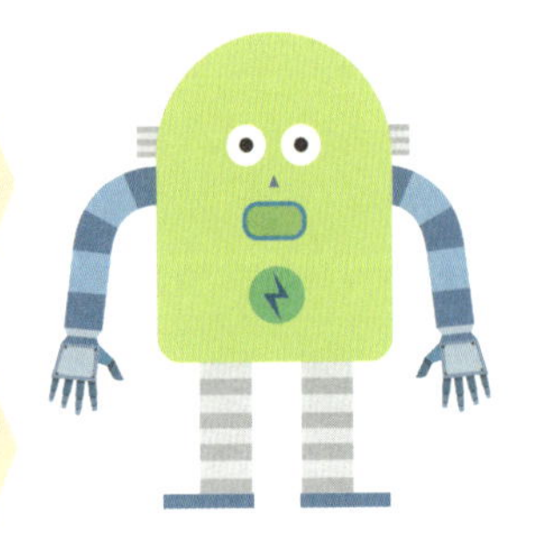

"결국 일하기 싫다는 거잖아! 왜 이런 짓을 하는 거야?"
알버트가 외치자, 티티가 말했어요.
"직접 물어보실래요? 제가 손으로 로봇과 소통하는 법을 알려 드릴게요. 손가락에 1부터 10까지 수를 이름 붙여요. 9x3의 답이 궁금하면, 손가락 3을 구부리면 돼요. 구부린 손가락의 왼쪽에 있는 손가락 수가 십의 자리 숫자이고, 오른쪽에 있는 손가락 수가 일의 자리 숫자예요. 왼쪽에 2개의 손가락이 있고, 오른쪽에 7개의 손가락이 있으니까… 답은 27이 되죠!"
여러분도 직접 손으로 해 보세요.

$9 \times 3 = 27$

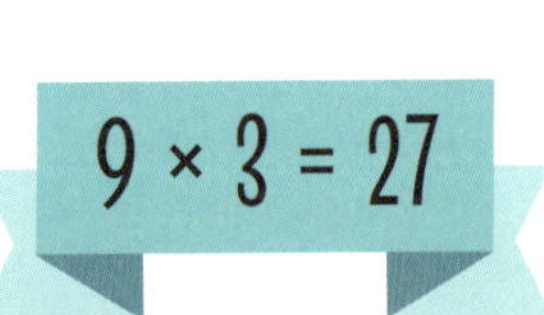

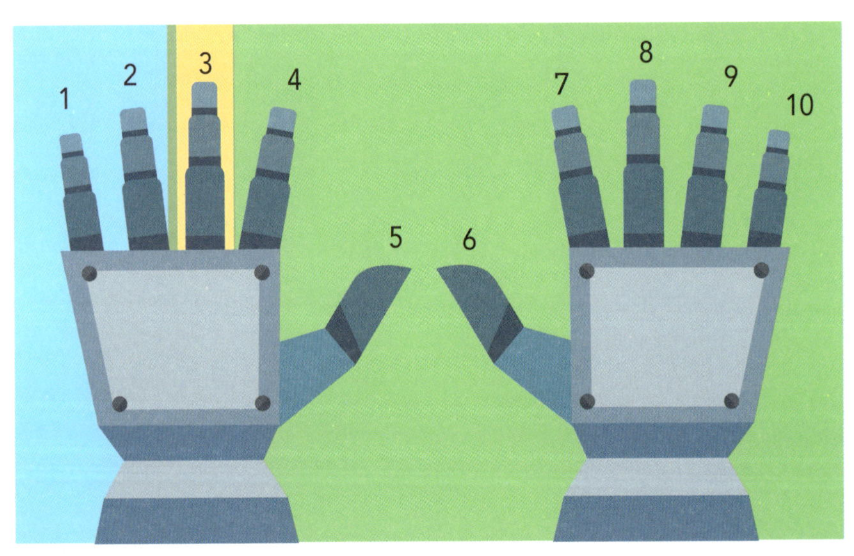

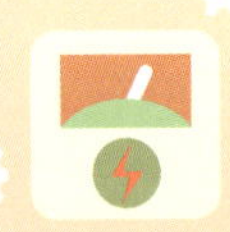

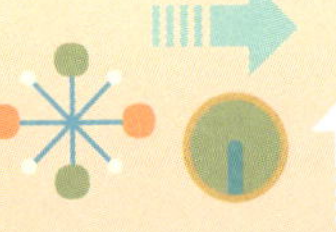

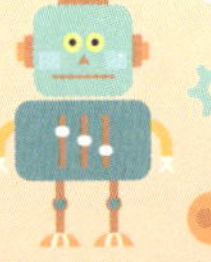

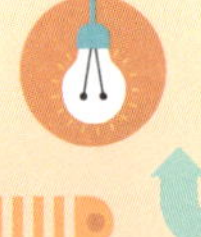

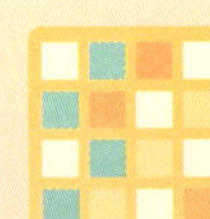

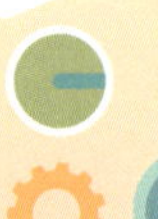

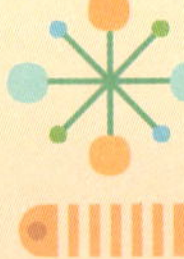

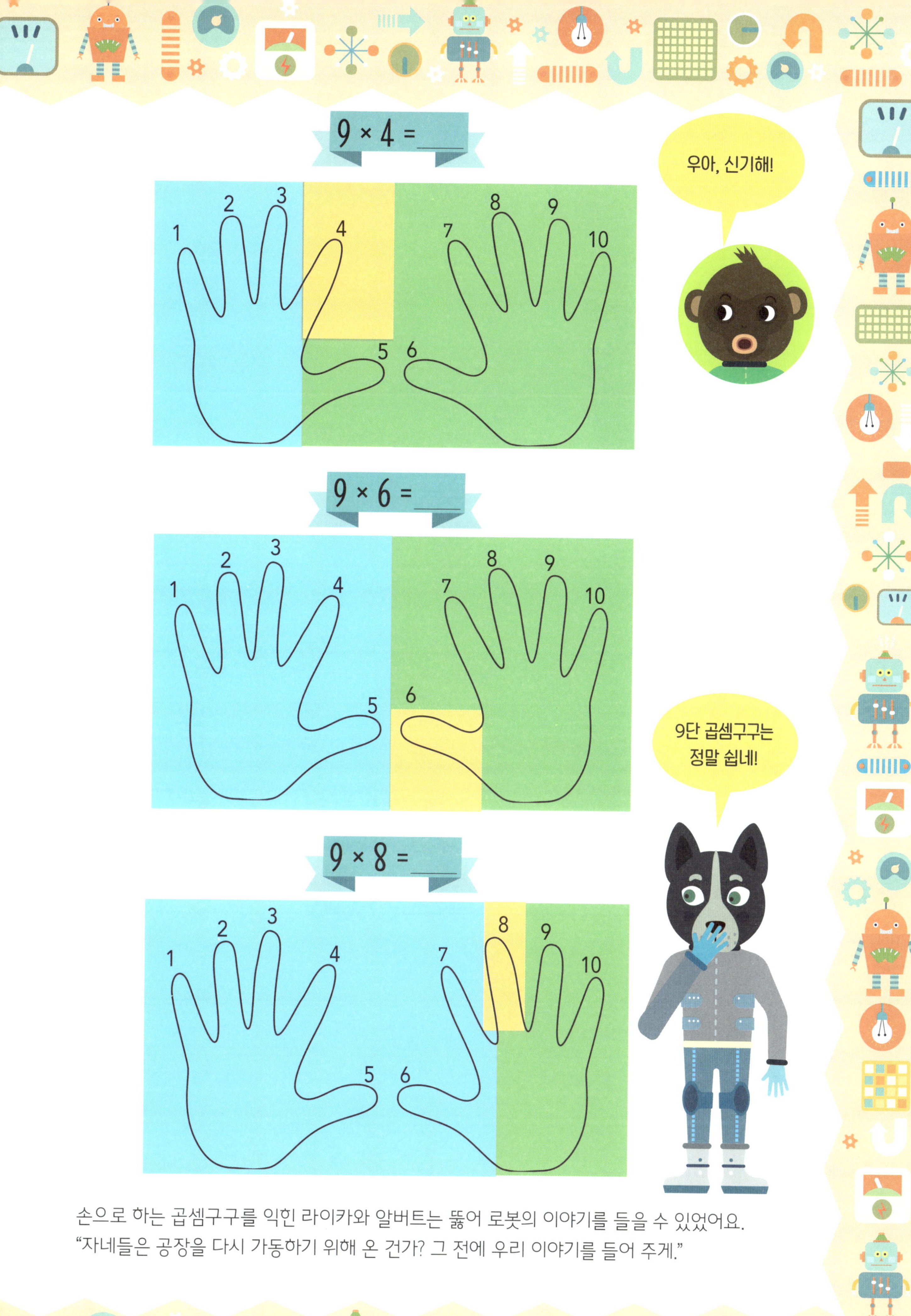

손으로 하는 곱셈구구를 익힌 라이카와 알버트는 뚫어 로봇의 이야기를 들을 수 있었어요.
"자네들은 공장을 다시 가동하기 위해 온 건가? 그 전에 우리 이야기를 들어 주게."

우리 말을 들어 줘!

손으로 하는 곱셈구구를 익힌 라이카와 알버트는 뚫어 로봇의 이야기를 들었어요.
"우리는 이렇게 일만 하는 삶에 지쳤네! 나는 오래된 부품들로 만들어진 로봇이지. 살 날이 얼마 남지 않았어."

(1) 뚫어 로봇을 이루는 부품 중 같은 답이 나오는 부품은 몇 쌍일까요?

____

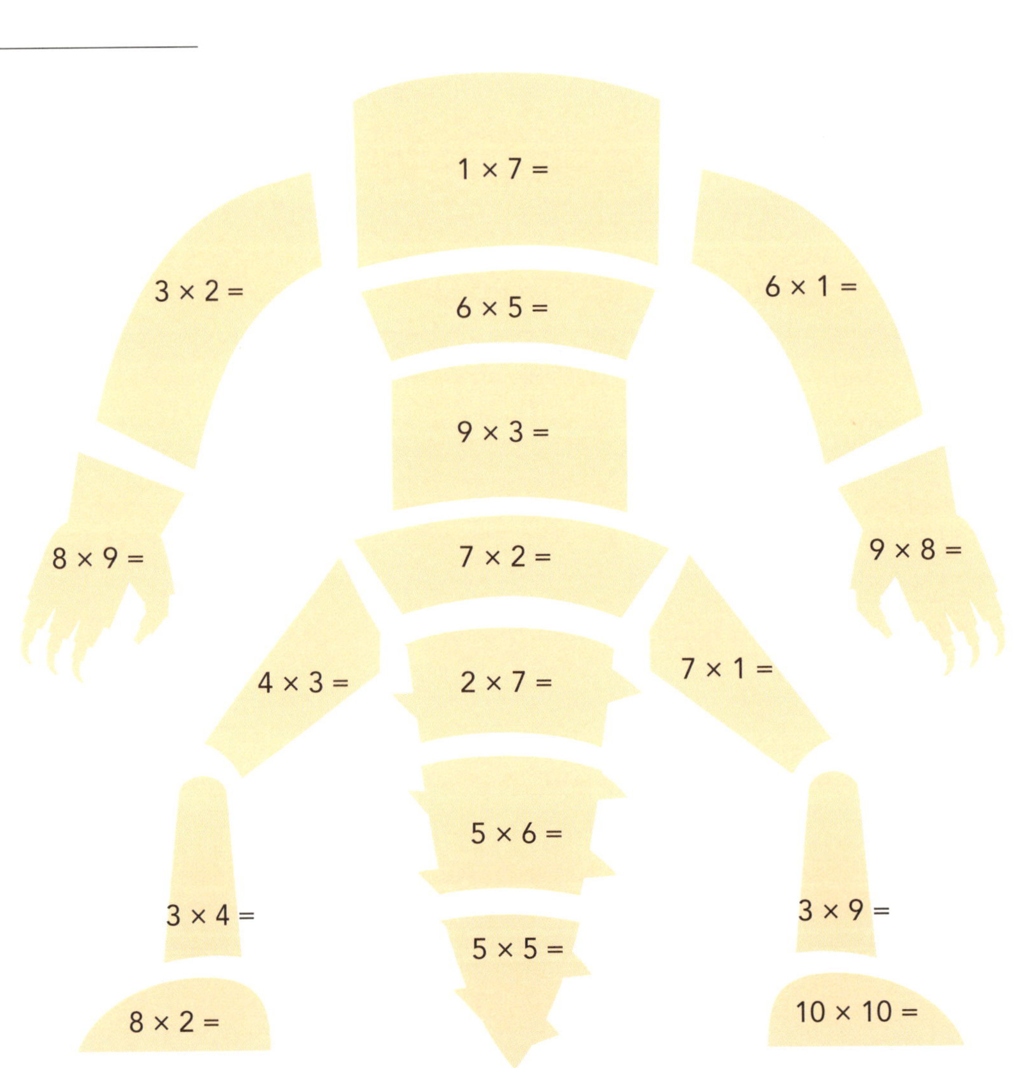

(2) 이 행성에서의 1일은 지구에서의 9일과 같아요.
그러면 이 행성에서 10일은 지구에서 며칠과 같을까요?

____

____

(3) 뚫어 로봇이 지구 기준으로 하루에 생산한 계산 에너지를 구해 보세요.
행성 기준 10일은 지구에서 며칠인지 구하고 전체 생산한 계산 에너지를 날짜로
나누면 하루 생산량을 구할 수 있습니다. 그럼 뚫어 로봇은 성능이 좋은 로봇일까요?

____

____

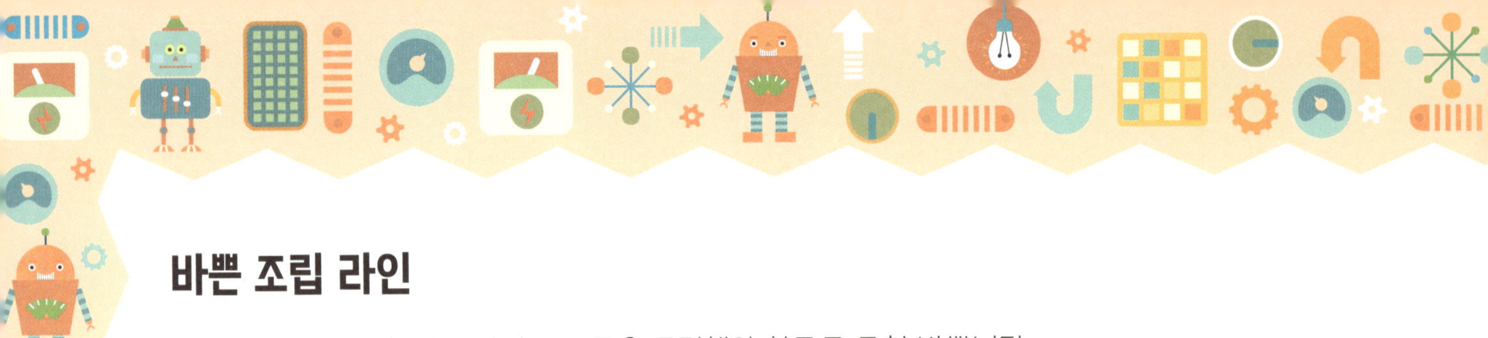

바쁜 조립 라인

각 조립 라인은 정해진 수량만큼 부품을 조립해야 하므로 무척 바쁩니다.
“우리가 쉴 수 있을 때는 오직 폐기될 때뿐이야.”
문제를 풀고 각 조립 라인마다 얼마나 많은 부품을 조립하는지 알아보세요.

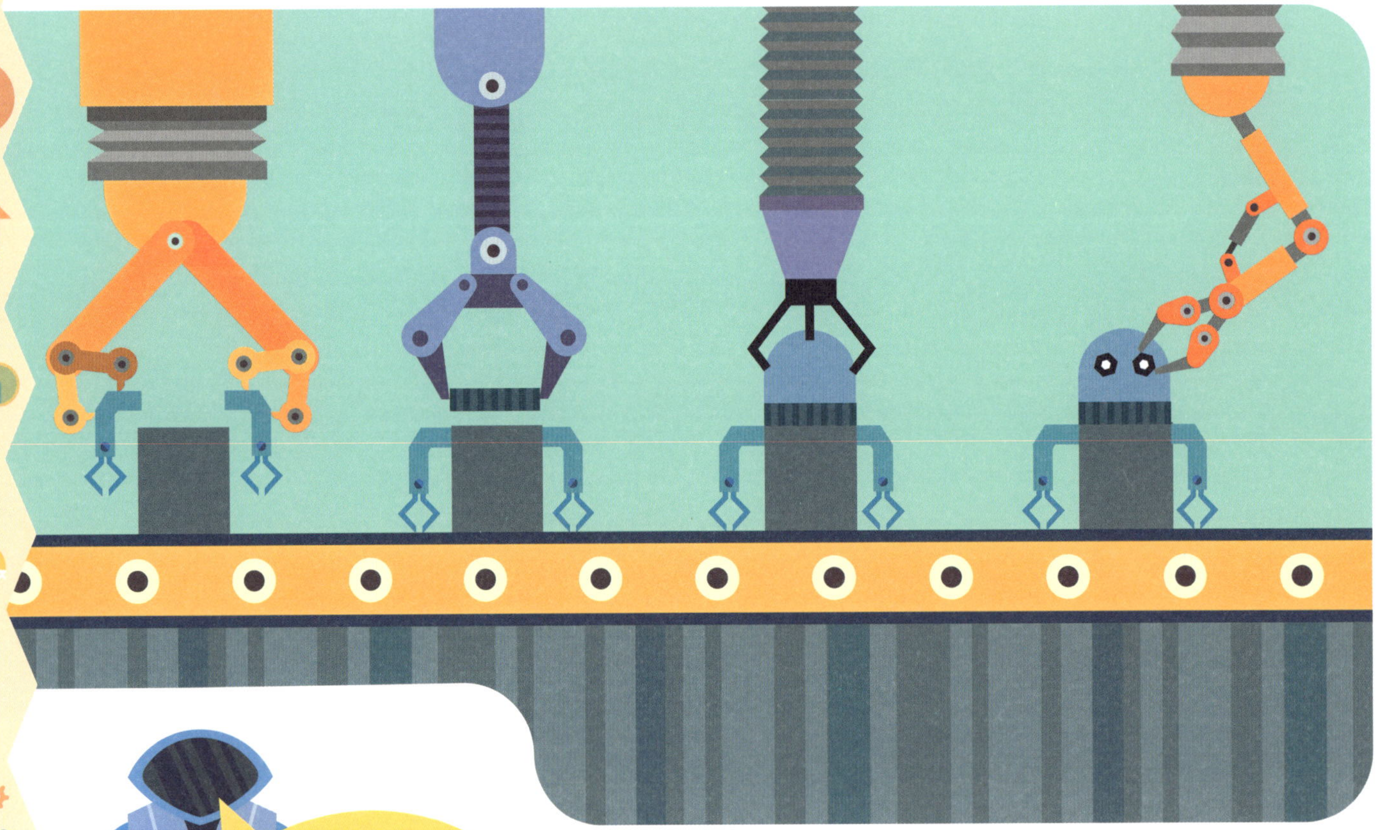

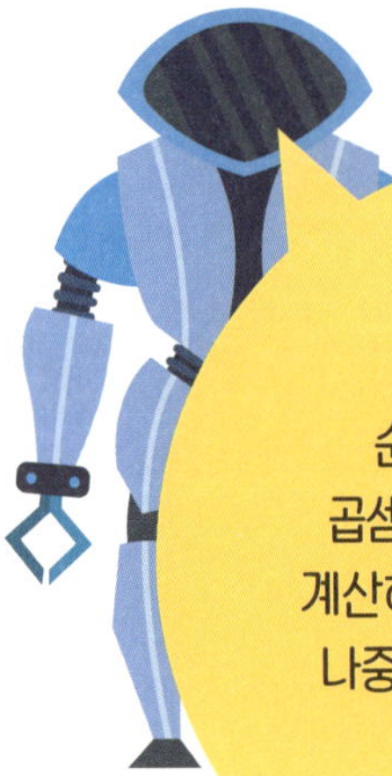

순서대로 계산하되 곱셈이나 나눗셈을 먼저 계산하고, 덧셈이나 뺄셈을 나중에 계산해야 합니다.

(1)

$45 - 12 \div 6 + 4 =$ ____

$8 + 96 \div 2 =$ ____

$54 - 4 \times 3 \times 2 =$ ____

$79 - 12 \times 4 =$ ____

$8 + 10 \times 5 =$ ____

$17 \times 3 + 2 =$ ____

$28 + 4 \times 5 \div 5 =$ ____

$16 \div 8 + 5 + 17 =$ ____

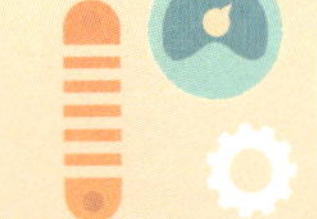

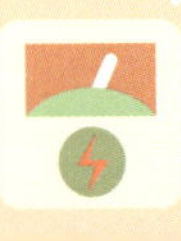

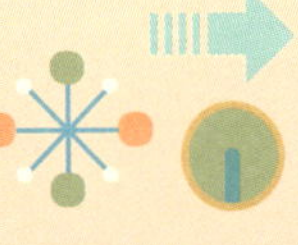

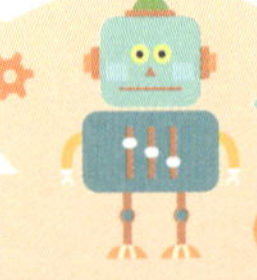

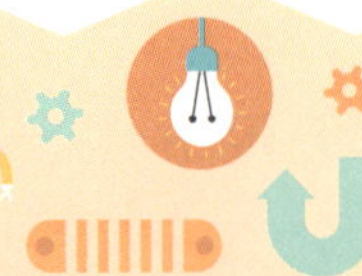

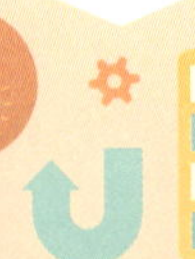

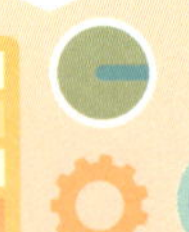

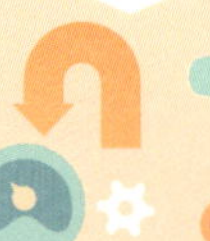

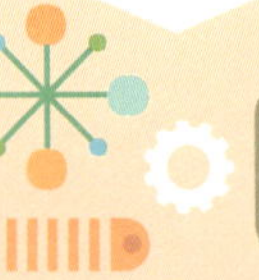

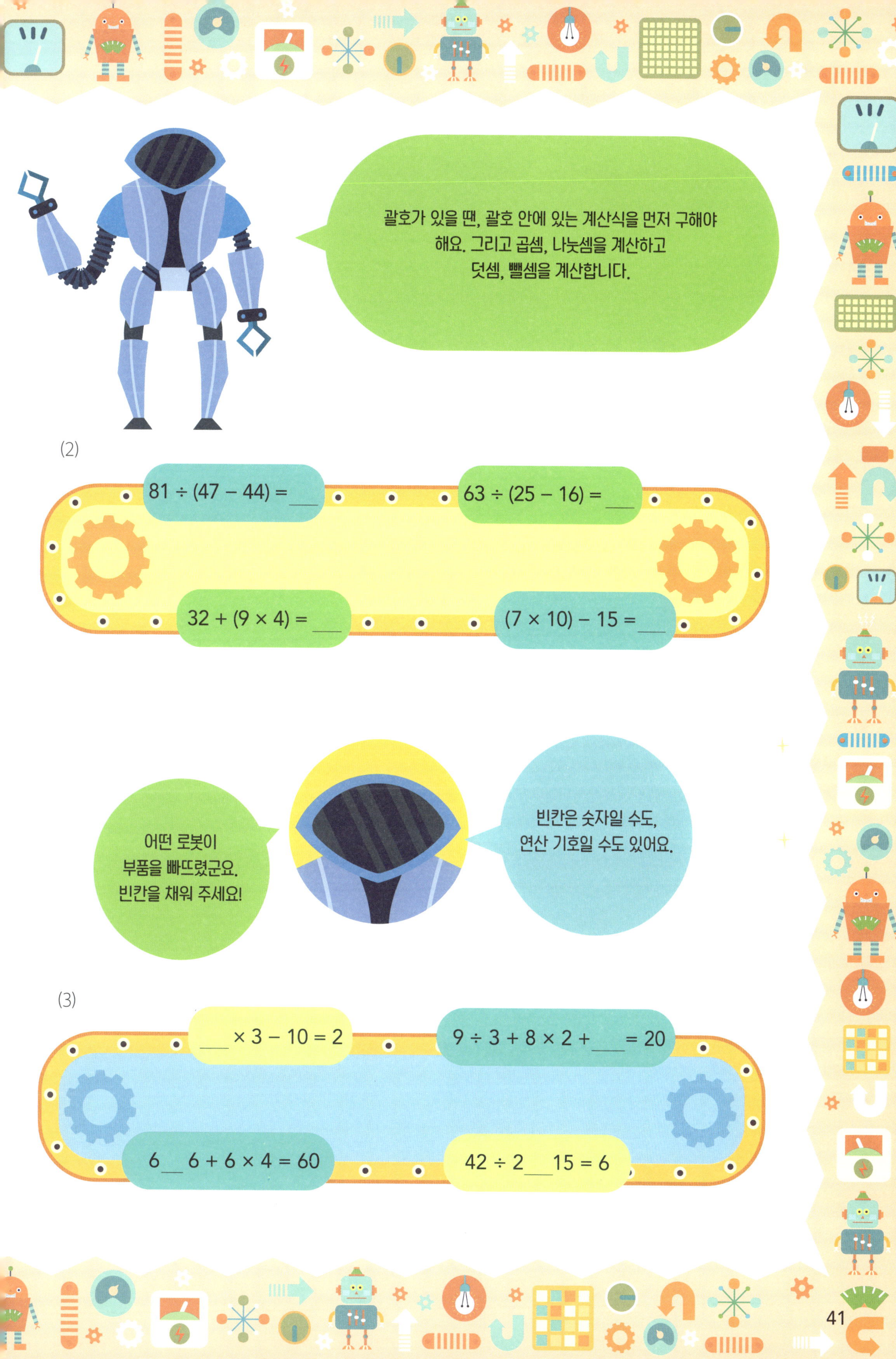

괄호가 있을 땐, 괄호 안에 있는 계산식을 먼저 구해야 해요. 그리고 곱셈, 나눗셈을 계산하고 덧셈, 뺄셈을 계산합니다.

(2)
81 ÷ (47 − 44) = ___
63 ÷ (25 − 16) = ___
32 + (9 × 4) = ___
(7 × 10) − 15 = ___

어떤 로봇이 부품을 빠뜨렸군요. 빈칸을 채워 주세요!

빈칸은 숫자일 수도, 연산 기호일 수도 있어요.

(3)
___ × 3 − 10 = 2
9 ÷ 3 + 8 × 2 + ___ = 20
6 __ 6 + 6 × 4 = 60
42 ÷ 2 ___ 15 = 6

드론 5총사

"우리는 드론 5총사야."
하늘에서 소리가 들렸어요.
"우리는 계산 에너지가 든 양동이를 운반하지."
양동이 스티커를 6단 곱셈구구 값 위에 모두 붙여 주세요.

드론 5총사가 양동이를 각자가 담당하는 용광로에 바르게
운반하려고 해요. 양동이의 곱셈구구의 값이 적힌 스티커를
용광로에 붙여 주세요.

로봇의 바람

"우리가 바라는 건 8x3일세. 8시간 일하고, 8시간 쉬고, 8시간은 내가 하고 싶은 걸 하는 거지. 이를 보장해 줄 때까지 일하지 않겠네."
뚫어 로봇이 진지한 얼굴로 말했어요.
일을 멈춘 로봇들 대신 도구를 정리해야만 해요. 문제를 풀고 곱셈식에 알맞게 도구 스티커를 제자리에 붙여 주세요.

(예)

$1 \times 4 = 4$

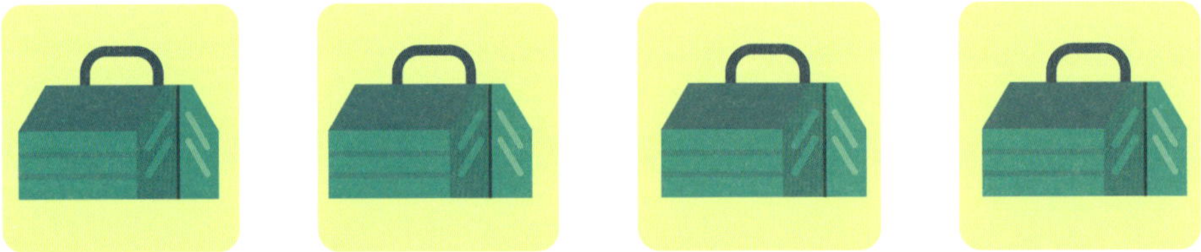

<공구함 4개>

$2 \times 4 =$

7 × 4 =

5 × 4 =

3 × 4 =

6 × 4 =

4 × 4 =

로봇의 요구

로봇들이 구호를 외치며 안테나를 흔들고 집게발을 딱딱거리며 부딪혔어요.

뚫어 로봇이 라이카와 알버트에게 다가가자, 로봇들은 숨죽여 그들을 바라보았죠.

"어떤가, 이래도 우리가 그냥 일하기 싫어서 투정하는 걸로 보이는가?"

라이카와 알버트는 아무 말도 할 수 없었어요.

"우리와 함께해 주겠나?"

뚫어 로봇의 말에, 조임 로봇이 고개를 가로저었어요.

"이제 와서 저들이 뭘 어떻게 돕겠어요? 이미 중앙 컴퓨터는 망가졌는데!"

"뭐라고요? 그러면 배터리 충전을 어떻게 한 거예요?"

티티가 묻자, 뚫어 로봇이 슬프게 웃으며 말했어요.

"하지 않은 지 벌써 며칠이 됐다네. 이제 우리에게 남은 배터리
는 얼마 없어. 배터리가 다 떨어지면 우린 곧 멈추겠지.
하지만 이렇게 힘들게 일만 하느니 차라리 작동을 멈
추는 게 낫네."

"우리가 그렇게 두지 않을 거예요! 당장 박사님에게
연락해서 여러분의 의견을 전달할게요. 아직 시간이
있잖아요!"

지구로 메시지를 보내자!

"지구까지 통신을 보내려면 계산 에너지가 아주 많이 필요해요!"
알버트가 말했어요. 그러자 뚫어 로봇은 거대한 계산 에너지 산으로 모두를 데려갔어요.
"아래 쓰인 곱셈식과 같은 양의 에너지가 필요하다네.
필요한 양만큼 충전할 수 있을 거야."
곱셈식과 같은 수의 가로줄을 찾아 ○ 표시를 해 주세요.

8 × 8

6 × 7

4 × 9

도구를 찾아 줘!

티티가 모터를 돌리며 말했어요.
"일을 빨리하려면 먼저 서랍을 정리해야겠어요."
각 서랍의 동그라미 안에 번호가 적혀 있습니다.
번호의 곱셈구구의 값들만 적힌 도구를 모아야 합니다.
잘못 들어간 도구를 찾아 ○를 해 주세요.

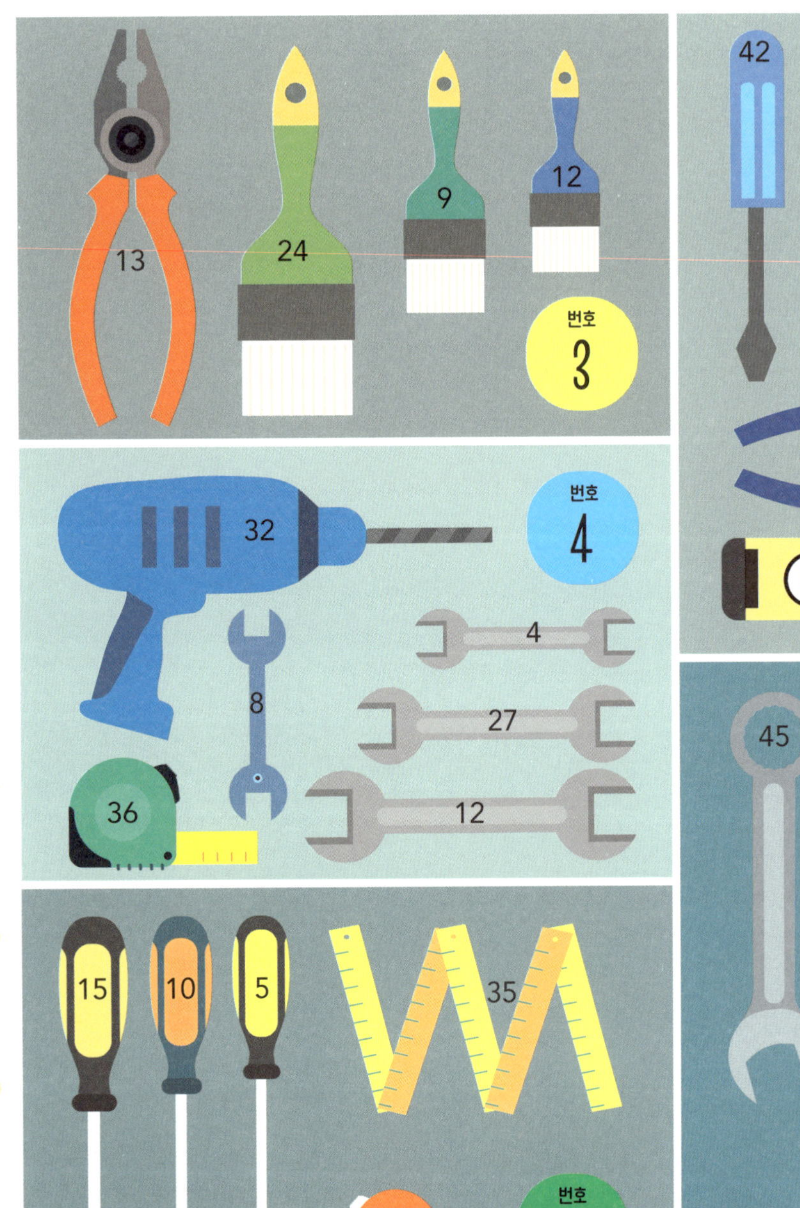

계산 에너지 분류하기

만들고자 하는 물건에 따라 다른 계산 에너지를 사용해야 한답니다. 하지만 모든 게 뒤죽박죽인 공장에서 계산 에너지를 구분하기는 쉽지 않아요. 양동이에 적힌 수에 대한 설명이 바르면 ○, 틀리면 X를 하세요.

	2로 나누어떨어지나요?	3으로 나누어떨어지나요?	6단 곱셈구구의 값인가요?	10단 곱셈구구의 값인가요?
10				
18				
20				
21				
48				
52				

중앙 컴퓨터를 고쳐라!

이제 수리에 필요한 도구들과 계산 에너지까지 모두 준비되었어요.
라이카와 알버트가 중앙 컴퓨터를 고치려고 해요. 중앙 컴퓨터는
계산기 9개로 이루어진 아주 복잡한 컴퓨터예요.
"이걸 언제 다 고치지?"
알버트가 한숨을 내쉬었어요.
"설마 고칠 자신이 없는 거야?"
라이카가 놀리자, 알버트는 눈을 빛내며 말했어요.
"말도 안 돼. 누가 더 빨리 고치는지 내기할까?"

[계산기 찾기 게임]

준비물 주사위 2개, 서로 다른 색의 색연필

(1) 주사위 2개를 던져서 나온 두 수를 곱하세요. 이게
    여러분이 만든 계산 에너지예요.
(2) 답과 일치하는 버튼이 있는 계산기를 찾으세요. 예
    를 들어 6과 4가 나오면, 6x4=24가 있는 계산기가
    필요한 거죠.

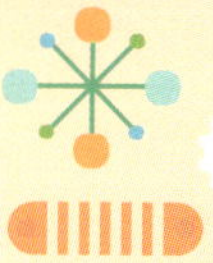

(3) 그 버튼에 X 표시를 하면, 그 수만큼 계산 에너지를 공급한 거예요!

(4) 다른 사람도 똑같은 방식으로 계산기에 X 표시를 남기세요. 다른 색
으로 하면 구분하기 쉽겠죠?

(5) 한 계산기는 적어도 같은 색의 X 표시 5개가 있어야 작동해요. 먼저
계산기 5개를 작동시킨 사람이 이겨요!

프로그램 재설정

"너희들, 혹시 우리를 다시 마음대로 조종하려고 컴퓨터를 고치는 거 아니야?"
로봇 중 하나가 신경질적으로 외쳤어요.
"믿어 주세요! 저희는 여러분을 돕고 싶어요."
라이카와 알버트는 중앙 컴퓨터 고치는 일을 얼른 끝내기로 했어요.
아래 네모 칸에 문제마다 답을 써 주세요.
가로줄과 세로줄의 계산식이 다르니 주의 깊게 살펴보세요.

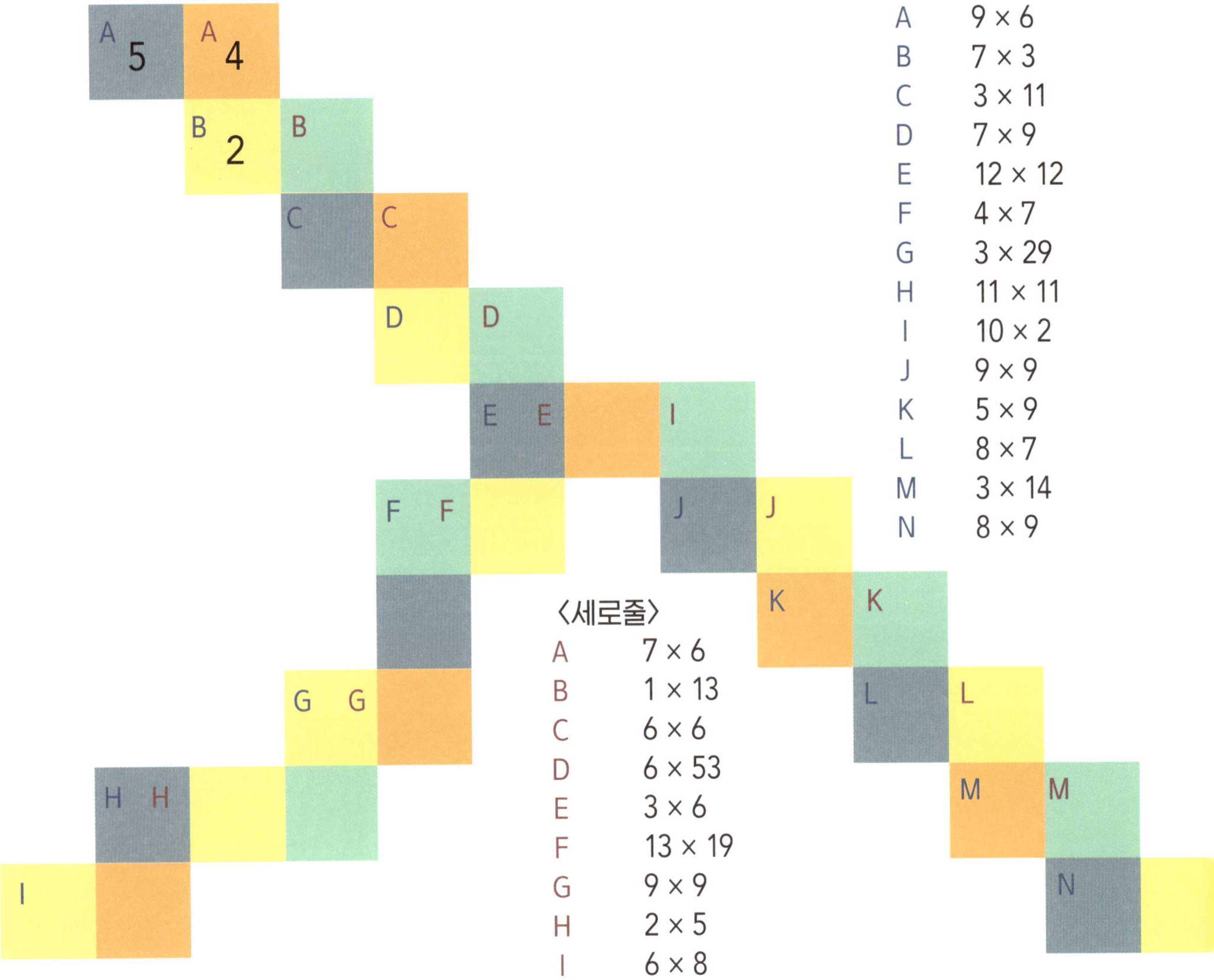

〈가로줄〉

A	9 × 6
B	7 × 3
C	3 × 11
D	7 × 9
E	12 × 12
F	4 × 7
G	3 × 29
H	11 × 11
I	10 × 2
J	9 × 9
K	5 × 9
L	8 × 7
M	3 × 14
N	8 × 9

〈세로줄〉

A	7 × 6
B	1 × 13
C	6 × 6
D	6 × 53
E	3 × 6
F	13 × 19
G	9 × 9
H	2 × 5
I	6 × 8
J	2 × 7
K	5 × 11
L	8 × 8
M	3 × 9

마이크로 칩

"티티, 이제 마이크로 칩을 넣어야 해!"
"네, 알겠습니다. 마이크로 칩은 책 뒤의 스티커에 있어요.
계산 결과에 맞는 숫자가 쓰인 걸 붙이세요. 맞지 않는
마이크로 칩을 끼우면 컴퓨터가 터질지도 몰라요."
곱셈 결과를 찾아 스티커를 붙여 주세요.

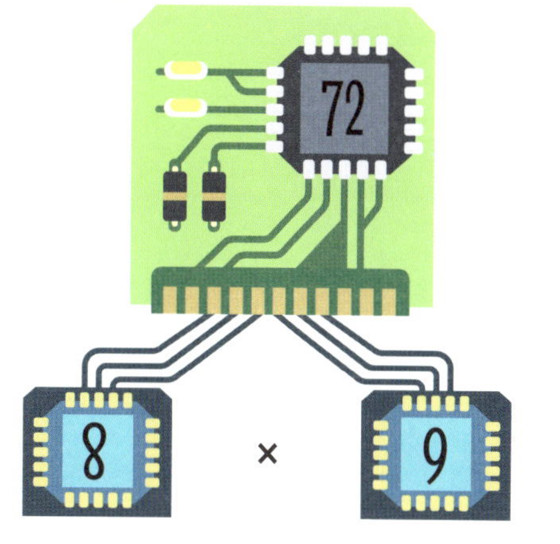

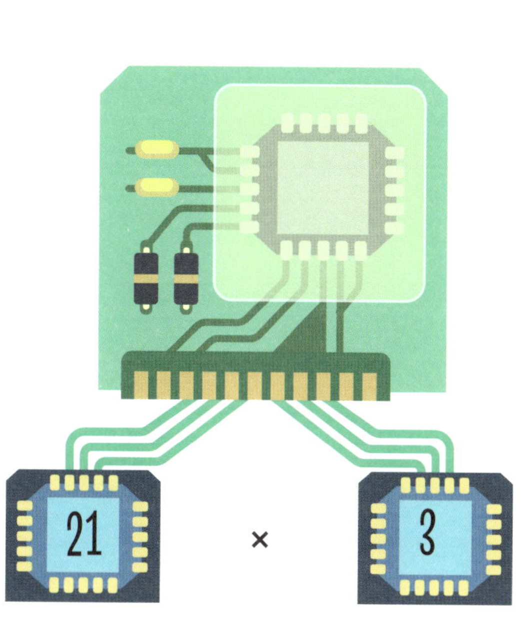

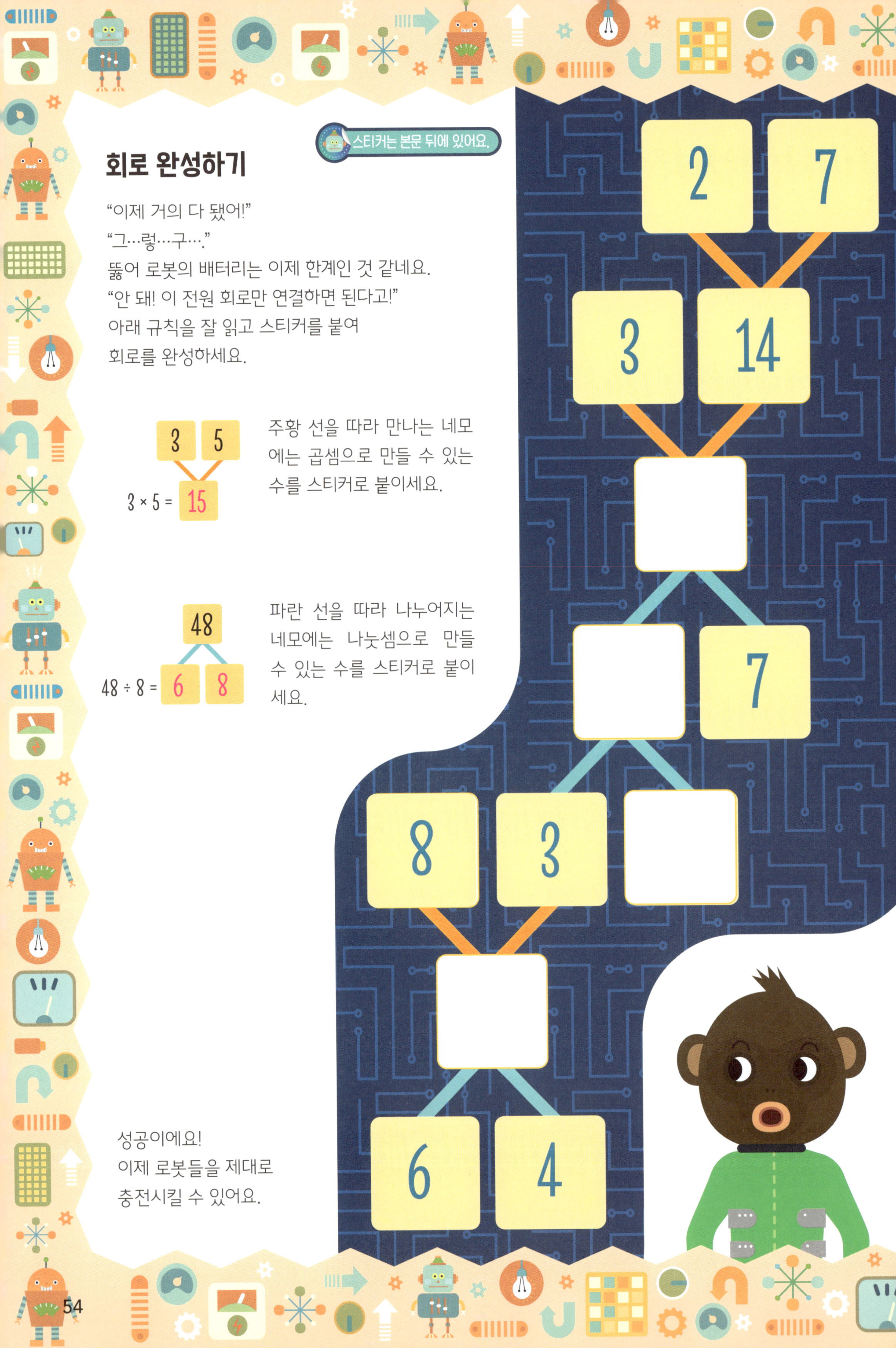

회로 완성하기

"이제 거의 다 됐어!"
"그…렇…구…."
뚫어 로봇의 배터리는 이제 한계인 것 같네요.
"안 돼! 이 전원 회로만 연결하면 된다고!"
아래 규칙을 잘 읽고 스티커를 붙여
회로를 완성하세요.

3 × 5 = 15

주황 선을 따라 만나는 네모에는 곱셈으로 만들 수 있는 수를 스티커로 붙이세요.

48 ÷ 8 = 6 8

파란 선을 따라 나누어지는 네모에는 나눗셈으로 만들 수 있는 수를 스티커로 붙이세요.

성공이에요!
이제 로봇들을 제대로
충전시킬 수 있어요.

임무 완료!

라이카와 알버트는 로봇들이 행복하게 일하는 모습을 뿌듯하게 지켜보았어요.
"정말 고맙네. 우리는 이제 우리가 즐겁게 할 수 있는 양만큼의 일을 하게 되었어. 마지막으로
사진 한 장 찍지 않겠는가?"
계산 결과를 찾아 스티커를 알맞게 붙여 보세요. 멋진 사진이 완성됩니다.

$5 \times 8 =$	$4 \times 11 =$	$8 \div 8 =$	$7 \times 2 =$	
	$81 \div 9 =$	$3 \times 4 =$	$20 \div 4 =$	$6 \times 6 =$
$4 \times 8 =$	$50 \div 5 =$	$7 \times 4 =$	$2 \times 8 =$	$8 \times 6 =$
$54 \div 9 =$		$3 \times 9 =$		$2 \times 10 =$

지구로 돌아가는 날, 티티는 라이카와 알버트에게 조심스럽게 물었죠.
"저는 여기 남아서 다른 로봇들과 함께 지내도 될까요?"
라이카와 알버트는 흔쾌히 답했어요.
"당연하지, 티티! 여기서 다른 로봇 친구들과 함께 행복하게 지내."
"와, 정말인가요? 감사해요!"
티티는 라이카와 알버트에게 와락 안겼어요.
"가끔 보러 오실 거죠?"
"물론이야. 꼭 보러 올게."
라이카와 알버트를 태운 우주선이 지구로 떠났어요.

 보기와 같이 곱셈식으로 나타내어 보세요.

보기

$$7 \times 3 + 7 = 7 \times 4$$

7이 3번 + 1번 → 7이 4번

1.
$$4 + 4 + 4 + 4 + 4 + 4 = 4 \times \boxed{}$$
$$4 \times 5 + 4 = 4 \times \boxed{}$$
$$4 \times 3 + 4 + 4 + 4 = 4 \times \boxed{}$$

2.
$$5 + 5 + 5 + 5 = 5 \times \boxed{}$$
$$5 \times 3 + 5 = 5 \times \boxed{}$$
$$5 \times 2 + 5 + 5 = 5 \times \boxed{}$$

3.
$$2 \times 7 + 2 = 2 \times \boxed{}$$
$$2 \times 5 + 2 + 2 + 2 = 2 \times \boxed{}$$
$$2 \times 6 + 2 \times 2 = 2 \times \boxed{}$$

4.
$$8 \times 8 + 8 = 8 \times \boxed{}$$
$$8 \times 7 + 8 + 8 = 8 \times \boxed{}$$
$$8 \times 4 + 8 \times 5 = 8 \times \boxed{}$$

5.
$$9 \times 4 + 9 = 9 \times \boxed{}$$
$$9 \times 3 + 9 \times 2 = 9 \times \boxed{}$$
$$9 \times 6 - 9 = 9 \times \boxed{}$$

6.
$$6 \times 6 + 6 = 6 \times \boxed{}$$
$$6 \times 4 + 6 \times 3 = 6 \times \boxed{}$$
$$6 \times 8 - 6 = 6 \times \boxed{}$$

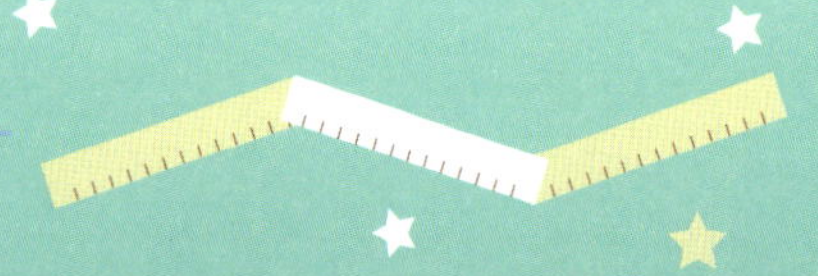

곱셈구구 값의 일의 자리 숫자를 순서대로 선으로 연결해 보세요.
(단, 마지막 숫자는 0으로 다시 연결합니다.)

7.
2단

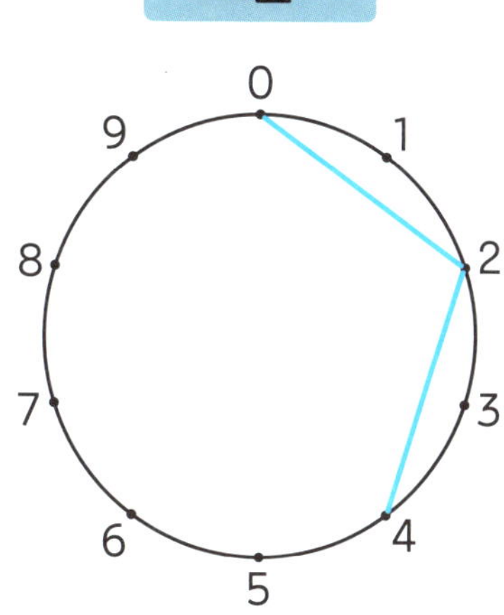

8.
8단

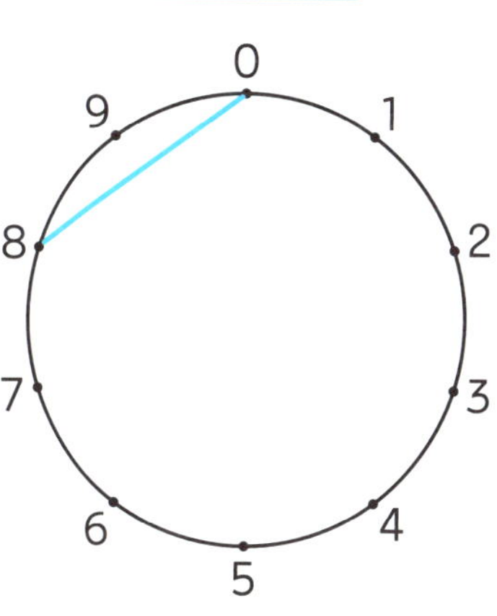

9.
4단

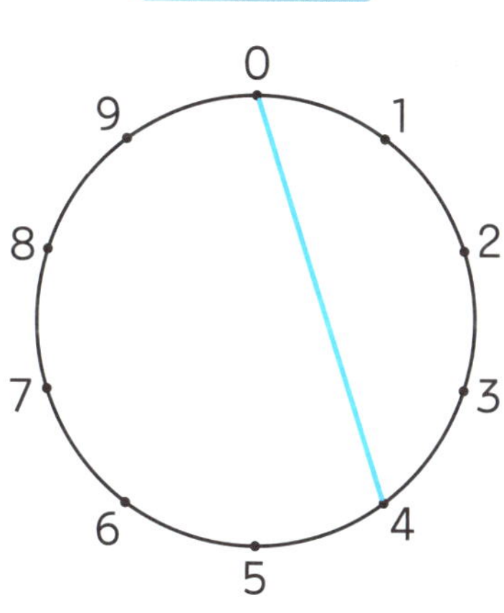

10.
6단

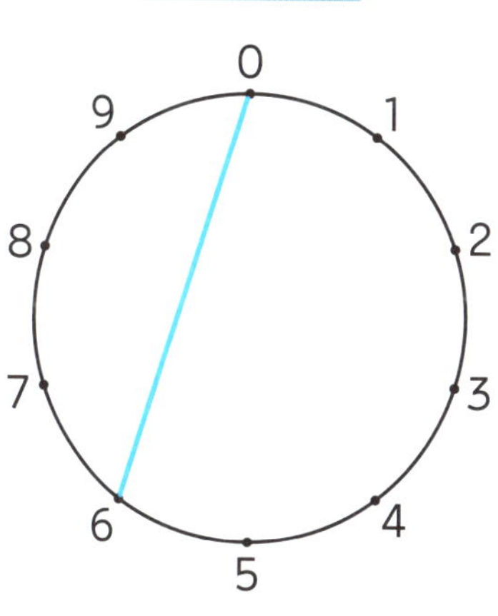

11.
3단

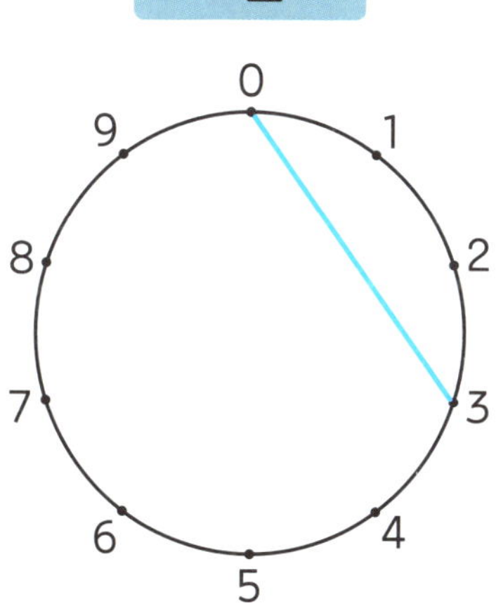

12.
7단

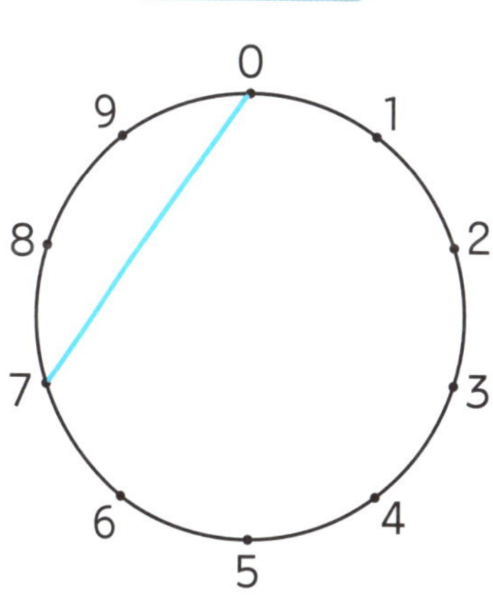

65 + 25

13. 빈칸에 알맞은 수를 써넣으세요.

20	÷		=	4
		×		
	×		=	16
		=		
10	×		=	40

56
=
×

36	=		×	
÷			=	
		24	÷		=	8
=		
9	÷		=	3

 다음 나눗셈이 나누어떨어지도록 ▢ 안에 알맞은 수를 모두 구해 보세요.

14. $4\,\boxed{} \div 6$

15. $1\,\boxed{} \div 2$

16. $2\,\boxed{} \div 3$

17. $4\,\boxed{} \div 8$

 빈칸에 알맞은 수를 써넣으세요.

18. 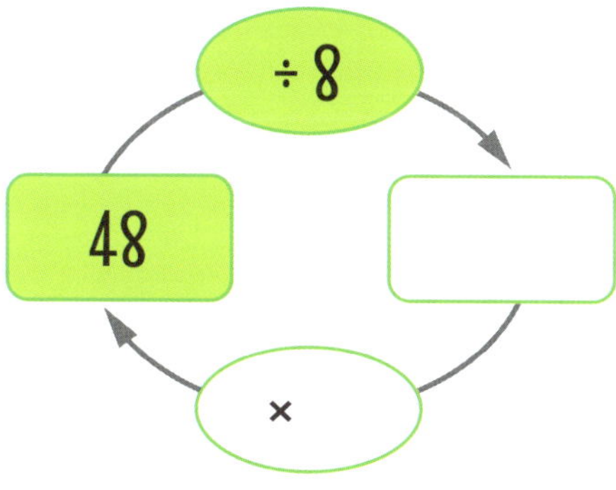

19. 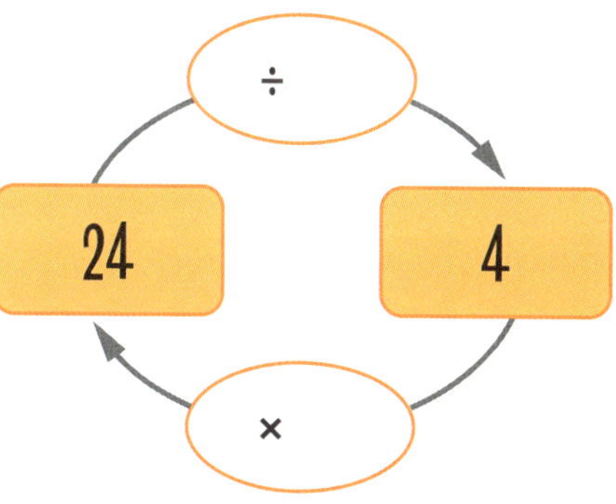

20. 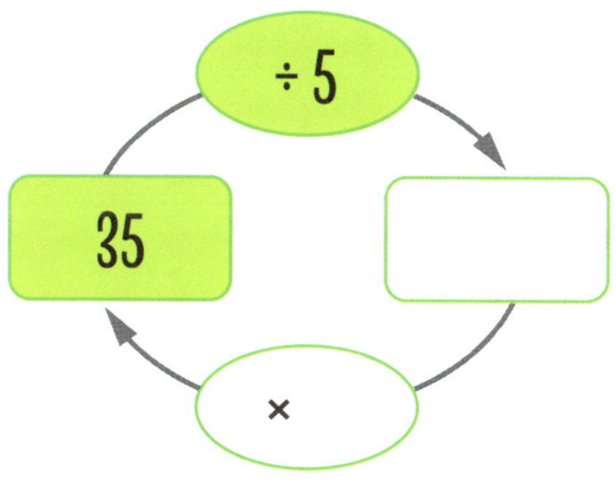

21. 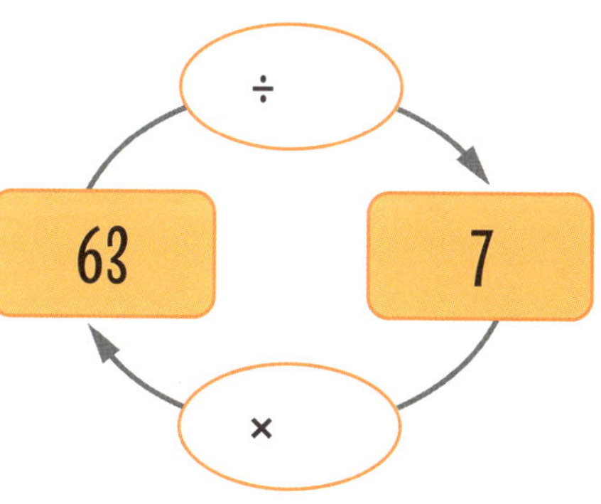

22. ☐ 안에 알맞은 말을 보기에서 찾아 써넣으세요.

| 보기 | 덧셈 | 뺄셈 | 곱셈 | 나눗셈 | 앞에서 | ( )안 |

(1) 덧셈과 뺄셈이 섞여 있는 식은 ☐ 부터 차례로 계산합니다.

(2) 곱셈과 나눗셈이 섞여 있는 식은 ☐ 부터 차례로 계산합니다.

(3) ( )가 있는 식에서는 ☐ 을 먼저 계산합니다.

 계산 순서를 나타내고 계산해 보세요.

23. $25 - 6 + 8 =$ ☐
① ②

24. $39 + 2 - 17 =$ ☐

25. $36 \div 4 \times 5 =$ ☐

26. $4 \times 10 \div 5 =$ ☐

27. 계산 결과를 비교하여 ◯ 안에 >, =, <를 알맞게 써넣으세요.

$50 - 12 + 8$ ◯ $50 - (12 + 8)$

17

28. ☐ 안에 알맞은 말을 보기에서 찾아 써넣으세요.

| 보기 | 덧셈 | 뺄셈 | 곱셈 | 나눗셈 | 앞에서 | ( )안 |

(1) 덧셈, 뺄셈, 곱셈이 섞여 있는 식은 ☐ 을 가장 먼저 계산합니다.

(2) 덧셈, 뺄셈, 나눗셈이 섞여 있는 식은 ☐ 을 가장 먼저 계산합니다.

(3) ( )가 있는 식에서는 ☐ 을 먼저 계산합니다.

 계산 순서를 나타내고 계산해 보세요.

29. $7 + 12 \times 3 =$ ☐

30. $50 - 9 \times 4 =$ ☐

31. $32 - 16 \div 4 =$ ☐

32. $45 + 30 \div 5 =$ ☐

33. 계산 결과를 비교하여 ◯ 안에 >, =, <를 알맞게 써넣으세요.

$6 \times (8 - 4)$ ◯ $6 \times 8 - 4$

34. 앞에서부터 차례로 계산해야 하는 식을 찾아 기호를 써 보세요.

◉ $42 \div (7 - 1) + 8$

◊ $15 + 4 \times 3 - 9$

◈ $21 \div 3 \times 6 - 5$

 상황에 알맞게 하나의 식으로 나타내고 답을 구해 보세요.

35.

300원짜리 전구를 3개 사고 1000원을 냈습니다. 거스름돈을 얼마를 받아야 할까요?

식

답

36.

한 묶음에 4개씩 포장된 드라이버 3묶음을 사서 6명에게 똑같이 나누어 주면 한 사람이 몇 개씩 가질 수 있을까요?

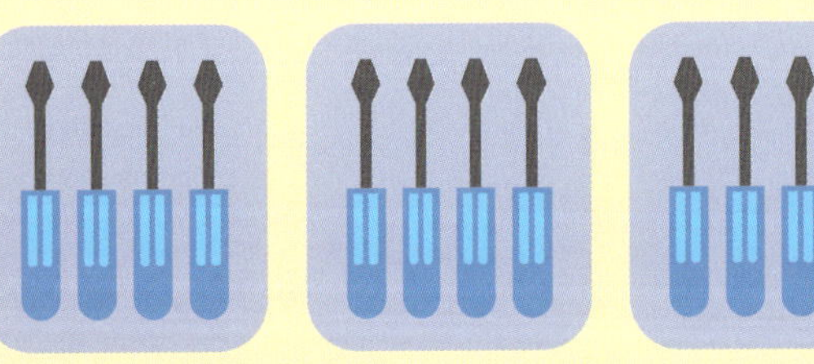

식

답

17

 새로운 연산을 이용하여 주어진 식을 계산해 보세요.

37.

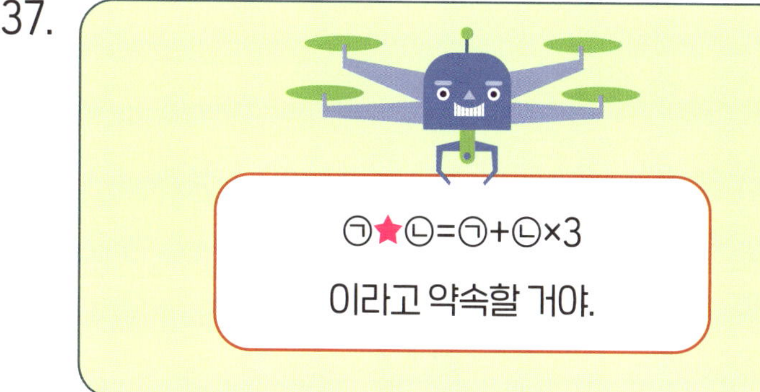

$12★6 = 12 + 6 × 3$

38.

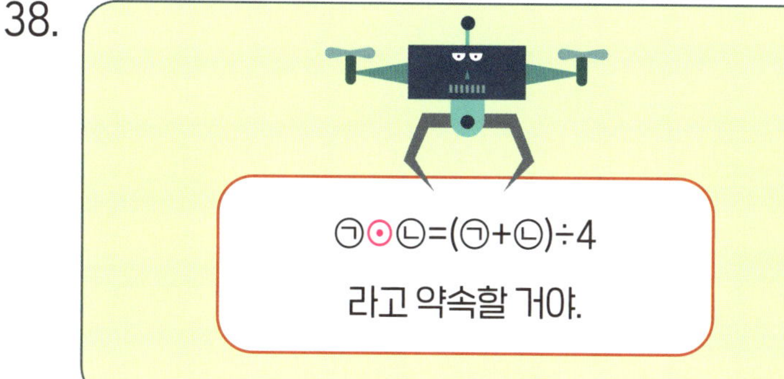

$7⊙5$

39.

$18♥16$

40.

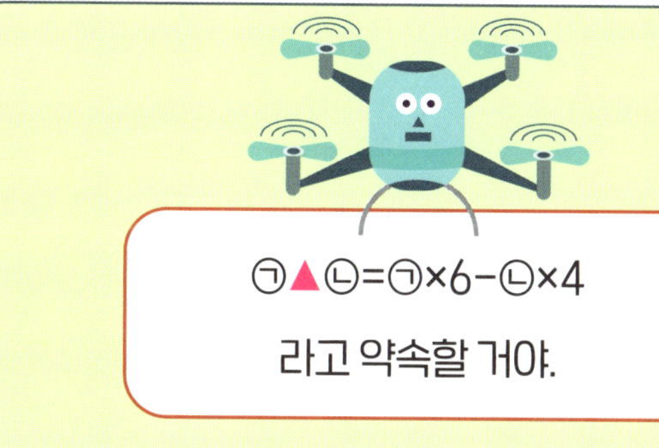

$5▲3$

9쪽

(1) 주 추진체는 6톤짜리 연료통이 3통 필요합니다.
(2) 보조 추진체는 3톤짜리 연료통이 양쪽에 각각
  4통씩 필요하므로 모두 8통이 필요합니다.

11쪽

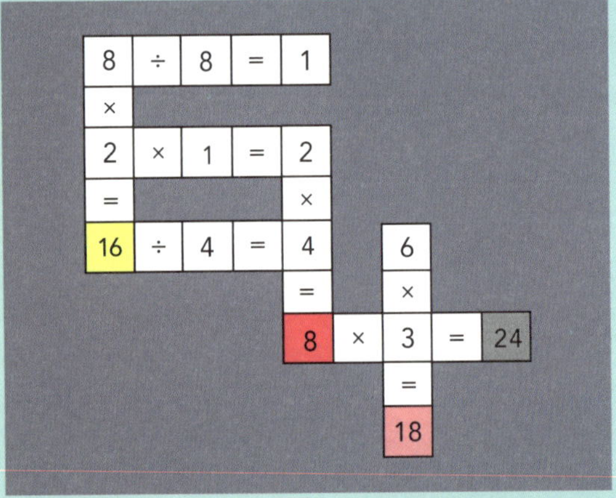

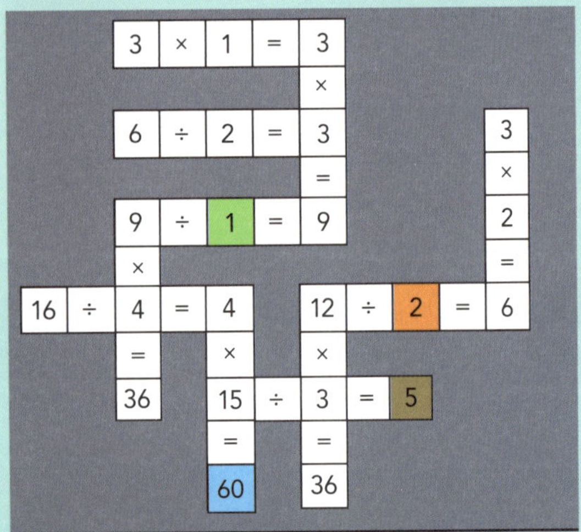

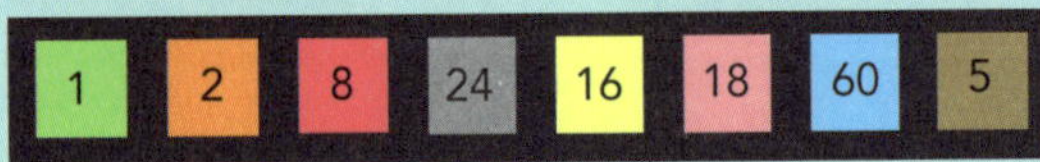

12~13쪽

$$7 \times 2 = 14 \qquad 17 \times 6 = 102 \qquad 15 \times 4 = 60 \qquad 11\overline{)77} = 7 \qquad 5\overline{)30} = 6$$

$$6 \times 4 = 24 \qquad 4 \times 3 = 12 \qquad 11 \times 6 = 66 \qquad 3\overline{)51} = 17 \qquad 4\overline{)64} = 16$$

$$5 \times 5 = 25 \qquad 15 \times 2 = 30 \qquad 16 \times 5 = 80$$

14쪽

$$6 \times 7 = 42 \qquad 5 \times 6 = 30$$
$$3 \times 8 = 24 \qquad 4 \times 8 = 32$$
$$6 \times 8 = 48 \qquad 8 \times 7 = 56$$
$$4 \times 3 = 12 \qquad 9 \times 3 = 27$$

15쪽

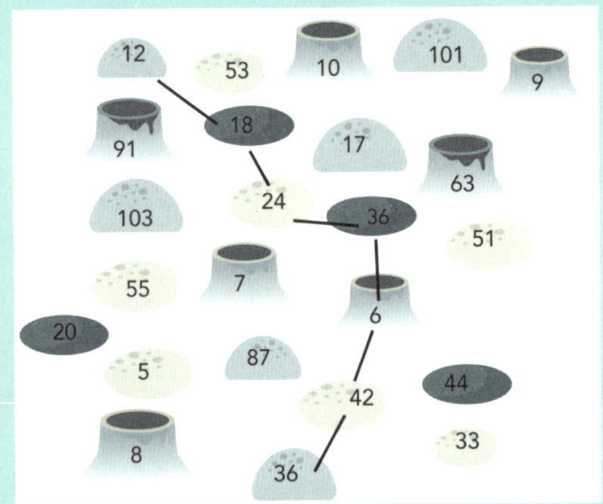

16쪽

$$8 \times 8 = 64 \qquad 9 \times 9 = 81 \qquad 2 \times 2 = 4$$
$$5 \times 5 = 25 \qquad 1 \times 1 = 1 \qquad 7 \times 7 = 49$$
$$10 \times 10 = 100 \qquad 4 \times 4 = 16 \qquad 12 \times 12 = 144$$
$$11 \times 11 = 121 \qquad 6 \times 6 = 36 \qquad 3 \times 3 = 9$$

17쪽

$$4 \times 2 = \qquad 3 \times 2 = \qquad 2 \times 1 = \qquad 3 \times 3 =$$

(1) 9
(2) 2 × 3
(3) 2 × 4
(4) 6

18쪽

20쪽

8 × 7 = 56   6 × 6 = 36   9 × 3 = 27   4 × 7 = 28
6 × 9 = 54   8 × 2 = 16   3 × 6 = 18
4 × 5 = 20   7 × 7 = 49   5 × 5 = 25

19쪽

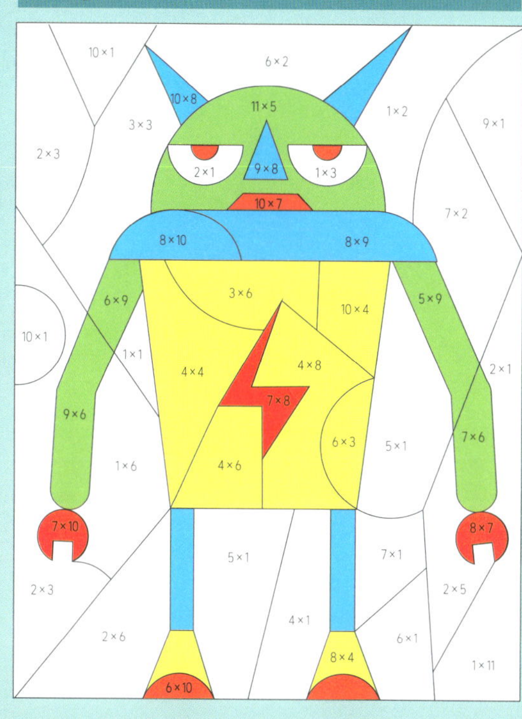

21쪽

23쪽

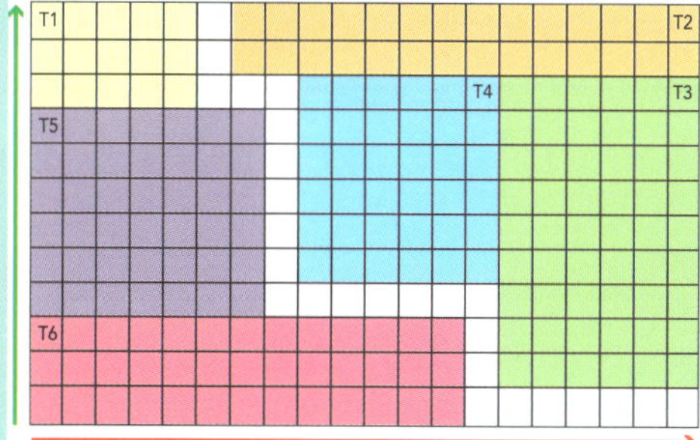

25쪽

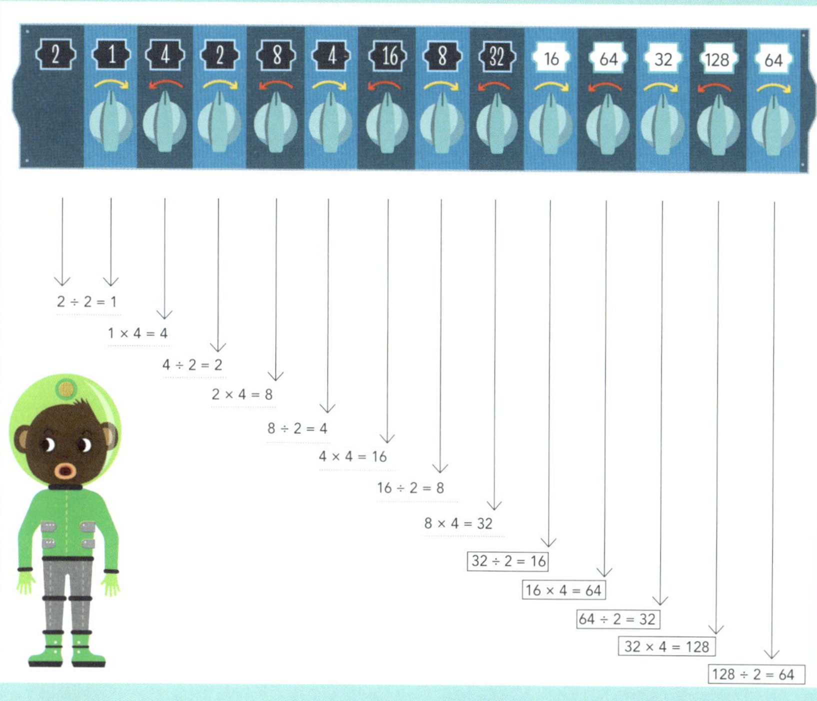

24쪽

4 × 3 = 12   2 × 5 = 10
4 × 5 = 20   2 × 4 = 8
4 × 6 = 24   2 × 1 = 2

5 × 2 = 10   6 × 0 = 0
5 × 3 = 15   6 × 1 = 6
5 × 4 = 20   6 × 3 = 18

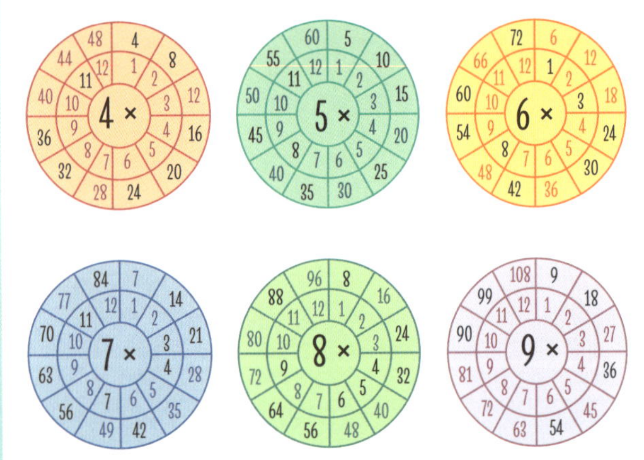

33쪽 6 × 8 = 48   7 × 9 = 63   8 × 8 = 64

35쪽 (1) 6, 12, 18, 24, 30, 36
(2) 15, 30, 45, 60, 75

36쪽 우 리 는 노 예 가 아 니 다 !

37쪽 9 × 4 = 36   9 × 6 = 54   9 × 8 = 72

38~39쪽 (1) 7쌍   (2) 90일
(3) 9톤, 성능이 안 좋은 로봇입니다.

40~41쪽

(1) 45 − 12 ÷ 6 + 4 = 47   8 + 96 ÷ 2 = 56   8 + 10 × 5 = 58
16 ÷ 8 + 5 + 17 = 24   28 + 4 × 5 ÷ 5 = 32   17 × 3 + 2 = 53
79 − 12 × 4 = 31   54 − 4 × 3 × 2 = 30

(2) 81 ÷ (47 − 44) = 27
63 ÷ (25 − 16) = 7
(7 × 10) − 15 = 55
32 + (9 × 4) = 68

(3) 4 × 3 − 10 = 2
9 ÷ 3 + 8 × 2 + 1 = 20
42 ÷ 2 − 15 = 6
6 × 6 + 6 × 4 = 60

42쪽

6, 12, 18, 24, 30, 36, 42, 48, 54

43쪽

8 × 9 = 72   9 × 9 = 81
7 × 8 = 56   6 × 9 = 54

$2 \times 4 = 8$

$7 \times 4 = 28$

$5 \times 4 = 20$

$3 \times 4 = 12$

$6 \times 4 = 24$

$4 \times 4 = 16$

47쪽

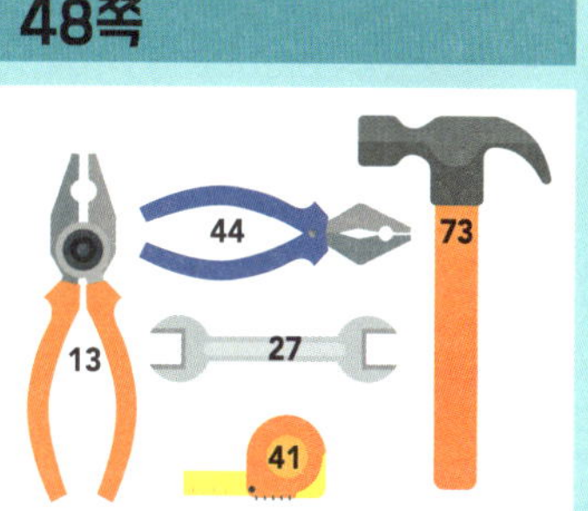

6×7

8×8

4×9

48쪽

49쪽

	2로 나누어떨어지나요?	3으로 나누어떨어지나요?	6단 곱셈구구의 값인가요?	10단 곱셈구구의 값인가요?
10	○	X	X	○
18	○	○	○	X
20	○	X	X	○
21	X	○	X	X
48	○	○	○	X
52	○	X	X	X

52쪽

53쪽

$23 \times 5 = 115$
$12 \times 9 = 108$
$21 \times 3 = 63$

54쪽

(위에서부터) 42, 6, 2, 24

55쪽

56쪽

1. 6 / 6 / 6　　2. 4 / 4 / 4　　3. 8 / 8 / 8　　4. 9 / 9 / 9

5. 5 / 5 / 5　　6. 7 / 7 / 7

57쪽

7. 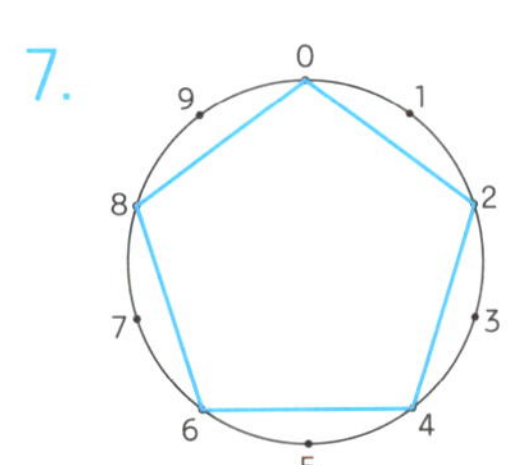
8. 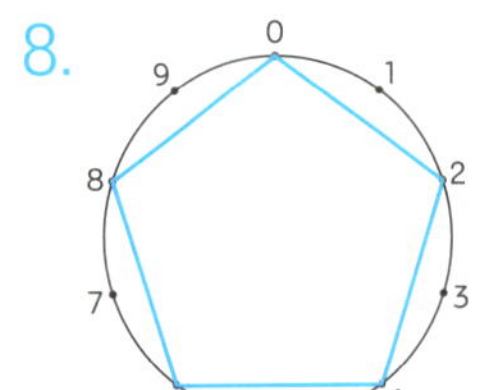
9. 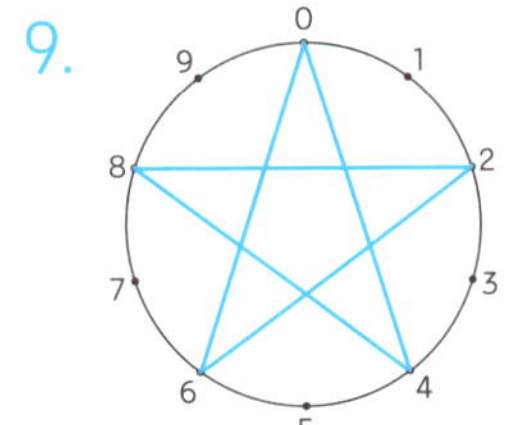
10. 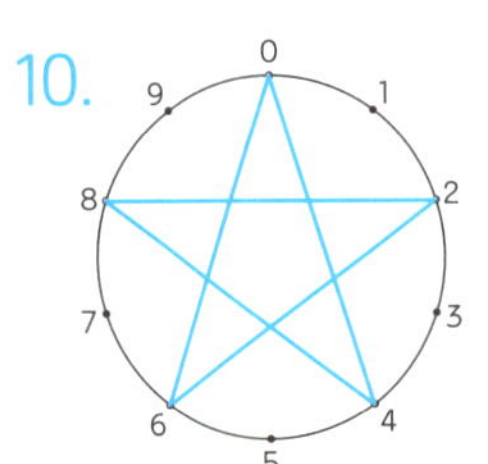
11. 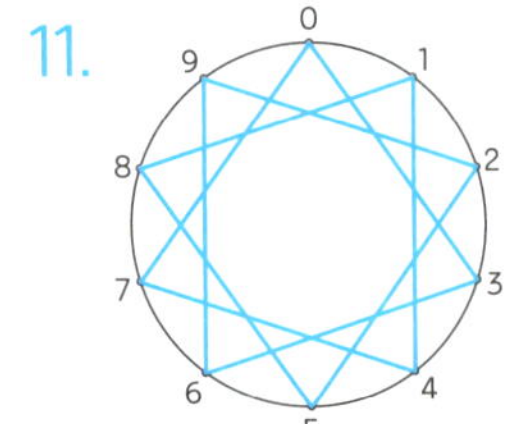
12. 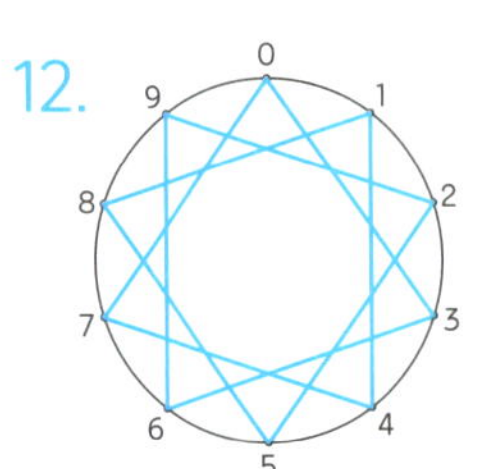

58쪽

13. 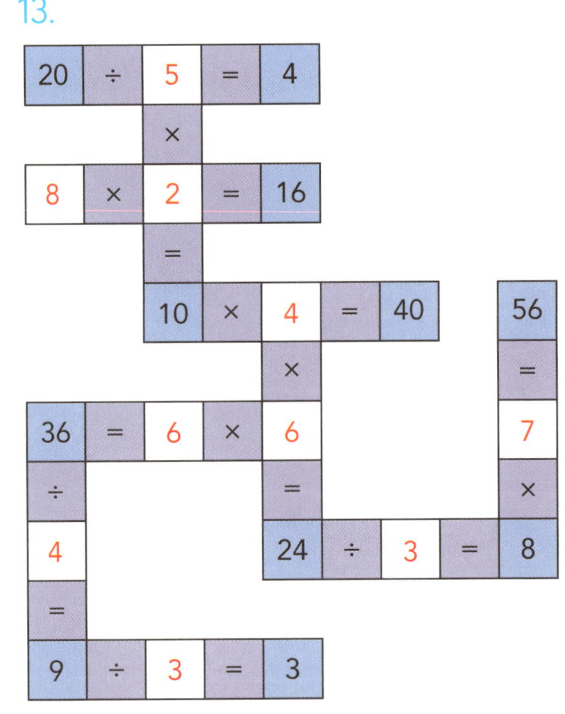

59쪽

14. 2, 8　　15. 0, 2, 4, 6, 8　　16. 1, 4, 7　　17. 0, 8

18. 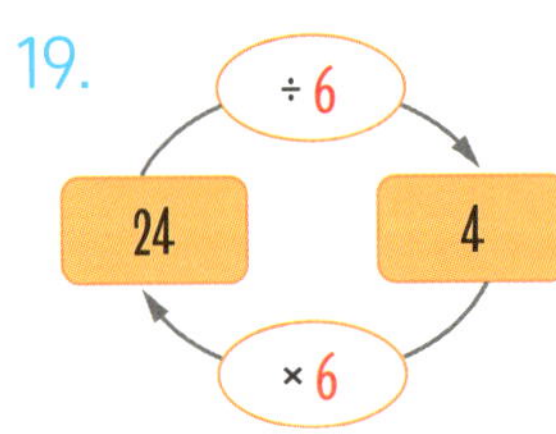
19. 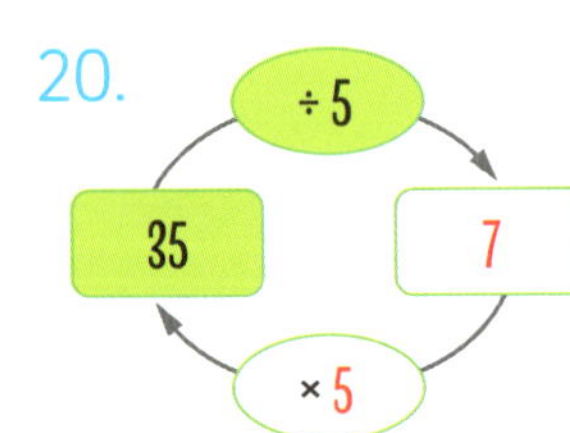
20. 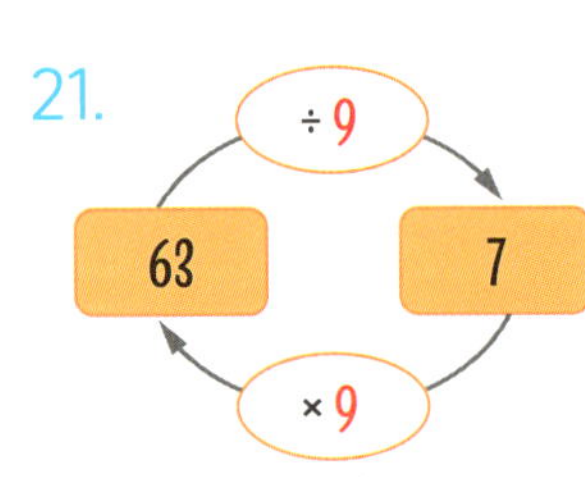
21.

60쪽

22. (1) 앞에서 (2) 앞에서 (3) ( )안

23. $25 - 6 + 8 = 27$ **24.** $39 + 2 - 17 = 24$ **25.** $36 \div 4 \times 5 = 45$ **26.** $4 \times 10 \div 5 = 8$

27. $>$

61쪽

28. (1) 곱셈 (2) 나눗셈 (3) ( )안

29. $7 + 12 \times 3 = 43$ **30.** $50 - 9 \times 4 = 14$ **31.** $32 - 16 \div 4 = 28$ **32.** $45 + 30 \div 5 = 51$

33. $<$

62쪽

34. ㉢   **35.** $1000 - 300 \times 3 = 100$, 100원   **36.** $4 \times 3 \div 6 = 2$, 2개

63쪽

37. $12 ★ 6 = 12 + 6 \times 3$
$\quad\quad\quad = 12 + 18$
$\quad\quad\quad = 30$

38. $7 ⊙ 5 = (7 + 5) \div 4$
$\quad\quad\quad = 12 \div 4$
$\quad\quad\quad = 3$

39. $18 ♥ 16 = 18 \div 2 + 16 \div 8$
$\quad\quad\quad = 9 + 2$
$\quad\quad\quad = 11$

40. $5 ▲ 3 = 5 \times 6 - 3 \times 4$
$\quad\quad\quad = 30 - 12$
$\quad\quad\quad = 18$

수빠맨 과 함께하는 초등 수학 학습 로드맵

쉽고 재미있게 초등 수학 전 과정을 배워 보세요.

초등 수학 교육 과정

수와 연산	도형과 측정
변화와 관계	자료와 가능성

영역	권	권 제목	세부 영역	학습 주제	권장 학년	학습 내용
수와 연산 기본	1	숫자 영웅들의 수학 모험	수와 연산	·수 ·도형 기초	1학년	·0에서 9까지 수 익히기 ·여러 가지 선 알기 ·평면도형 개념 알기 ·도형의 안과 밖 깨치기
	2	덧셈 뺄셈 몬스터 왕국	수와 연산	·덧셈과 뺄셈 기초	1학년	·두 자리 수 익히기 ·모양과 크기가 같은 도형 찾기 ·덧셈식과 뺄셈식의 기초
	3	나무마니 마을의 더하기 빼기	수와 연산	·덧셈과 뺄셈 심화	1학년	·세 수의 덧셈식과 뺄셈식 ·100까지 수 익히기 ·좌표 읽기 기초 ·묶어 세기
	4	곱셈구구 나라의 비밀	수와 연산	·곱셈과 나눗셈 기초	2학년	·곱셈구구 ·곱셈식과 나눗셈식 ·복잡한 계산식 쉽게 풀기
	5	사칙연산 바다를 지켜라	수와 연산	·사칙연산 기초	2학년	·연산 규칙 찾기 ·여러 가지 방법으로 복합 사칙연산 하기 ·덧셈과 뺄셈의 관계를 식으로 나타내기
	6	곱셈 공장 수리 작전	수와 연산	·사칙연산 심화	2학년 ~ 4학년	·곱셈·나눗셈 세로식 풀이 ·곱셈의 교환법칙과 결합법칙 ·약수와 배수 ·나눗셈의 몫을 곱셈식으로 구하기

영역	권	권 제목	세부 영역	학습 주제	권장 학년	학습 내용
수와 연산 심화	7	곱셈 나눗셈으로 요리를 뚝딱	수와 연산	· 곱셈과 나눗셈 심화 · 분수 기초	3학년 ~ 5학년	· (몇십)×(몇)을 구하기 · (몇십)÷(몇)을 구하기 · 똑같이 나누기 · 분수로 나타내기 · 단위분수 개념
	8	분수 도둑을 잡아라	수와 연산	· 분수	3학년 ~ 5학년	· 분자와 분모 · 크기가 같은 분수 만들기 · 분수 크기 비교 · 분수 계산
	9	소수 해적단의 바다 탐험	수와 연산	· 소수 · 백분율	3학년 ~ 6학년	· 소수 개념 · 소수 크기 비교 · 소수 계산 · 백분율 개념과 분수를 백분율로 치환하기
	10	수학 마법의 성에서 규칙 찾기	수와 연산	· 사고력 연산	2학년 ~ 5학년	· 수 배열 규칙 찾기 · 읽고 이해해서 푸는 문해력 연산 · 연산식으로 암호 풀기 · 연산 미로
도형과 측정, 변화와 관계, 자료와 가능성	11	공룡을 재는 여러 단위	측정	· 길이 · 들이 · 무게 · 시간	2학년 ~ 3학년	· 길이, 넓이, 무게, 들이의 단위 · 기호를 숫자로 나타내기 · 시간과 시계 읽는 법 · 섭씨 온도와 화씨 온도
	12	규칙 유령이 사는 집	변화와 관계	· 규칙과 추론	2학년 ~ 4학년	· 수 배열 규칙 추론 · 계산식에서 규칙 추론 · 무늬에서 규칙 추론 · 도형의 배열에서 규칙 추론
	13	도형과 함께 우주 탐험	도형	· 도형 · 공간	3학년 ~ 6학년	· 선의 종류(선분과 직선) · 각과 직각 · 평면도형 · 정다면체 · 대칭이동과 회전이동, 평행이동
	14	숫자와 그래프로 마을을 구하라	자료와 가능성	· 그래프 · 집합	3학년 ~ 6학년	· 표와 그래프 읽기 · 자료 조사와 표, 그래프로 나타내기 · 벤 다이어그램과 집합 · 비례식

글 | 테크노사이언스

박물관, 기업 등 수많은 기관을 대상으로 수학, 과학, 기술, 환경 등의 정보를 전파하는 데 15년 이상 참여해 온 작가 및 교육자 집단입니다. 이들이 만든 책은 세계 여러 나라에서 출판되었으며 생각과 행동, 감정의 변화를 이끌어내고 있습니다.

그림 | 아그네세 바루치

ISIA(최고예술산업연구소)에서 그래픽을 공부했습니다. 2001년부터 일러스트레이터이자 작가로 활동하고 있으며 청소년을 위한 책들을 출판했습니다.

감수 | 송용진

한국을 대표하는 위상수학자입니다. 서울대학교 수학과를 졸업하고 미국 오하이오주립대에서 박사학위를 받았습니다. 오랫동안 영재교육과 수학올림피아드에 대한 일을 해 왔으며 지금은 국제 수학올림피아드 선출직 위원(IMO Board Member)으로 활동하고 있습니다. 쓴 책으로 《수학은 우주로 흐른다》, 《영재의 법칙》, 《수학자가 들려주는 진짜 논리 이야기》 등이 있습니다.

14쪽: 곱셈구구 행성 탐사

17쪽: 곱셈 공장에 도착!

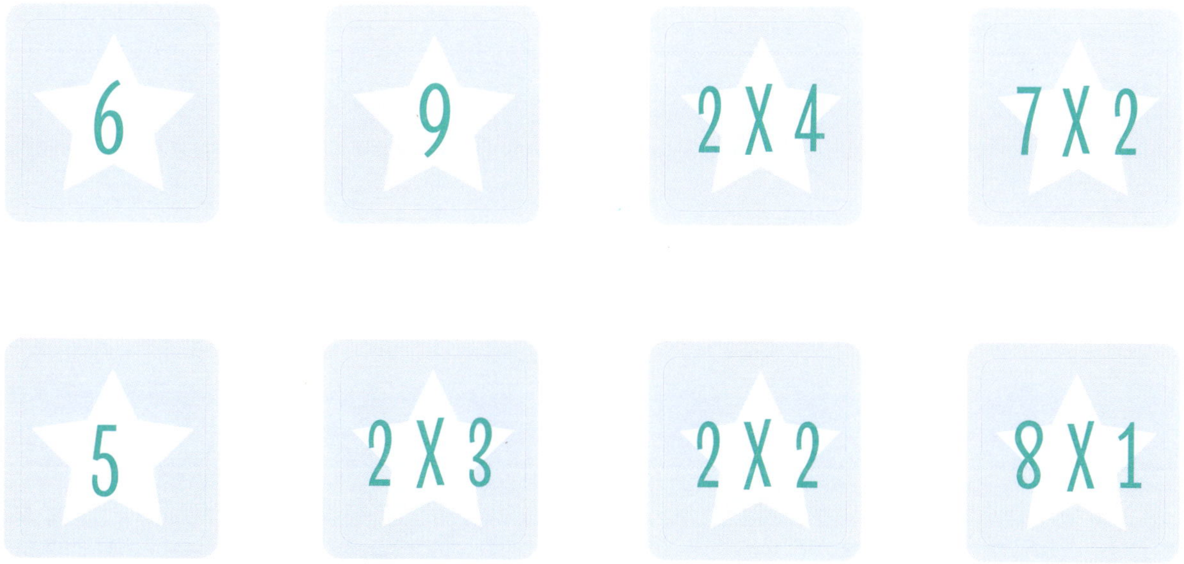
6
9
2 X 4
7 X 2
5
2 X 3
2 X 2
8 X 1

18쪽: 망가진 멍키 스패너와 경비 로봇

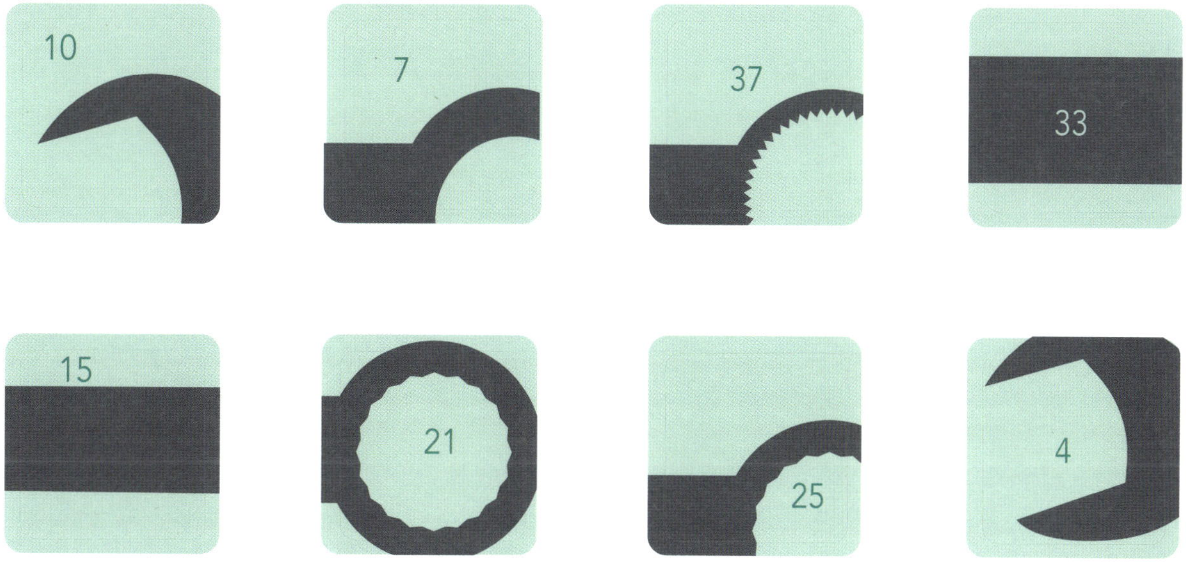
10
7
37
33
15
21
25
4

20~21쪽: 경비 로봇을 수리해 줘!

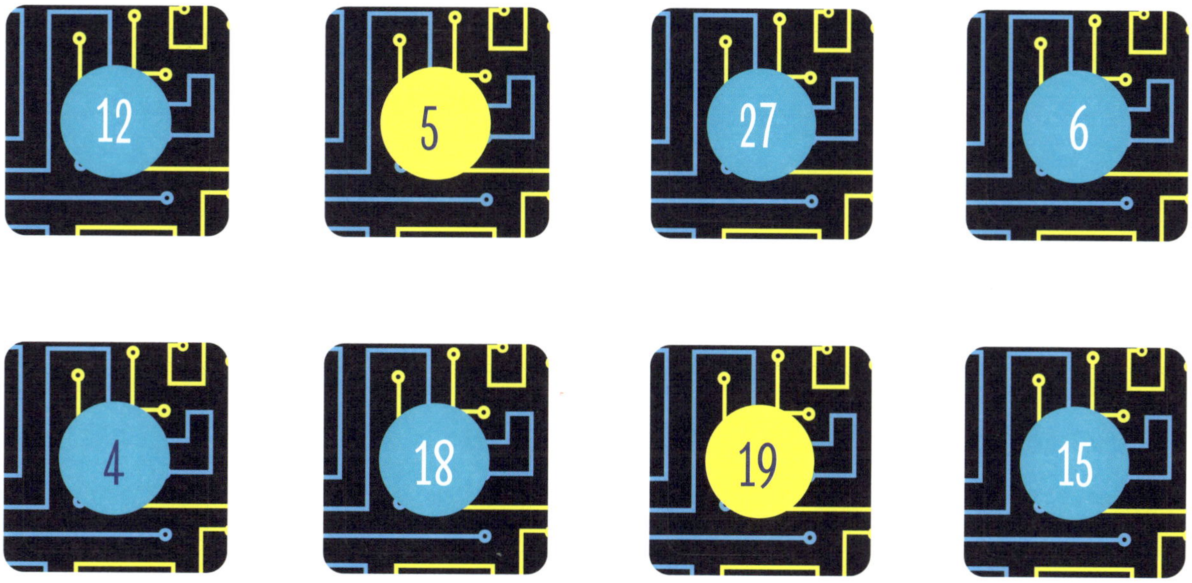
12
5
27
6
4
18
19
15

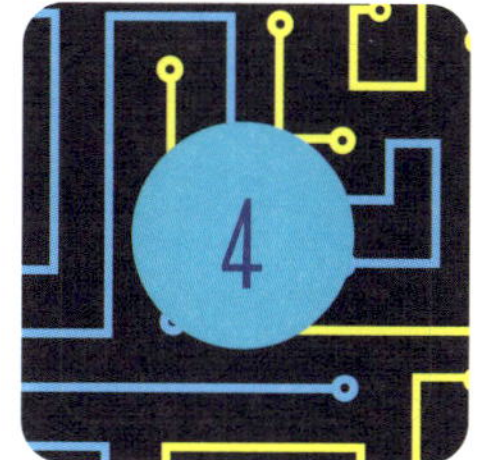

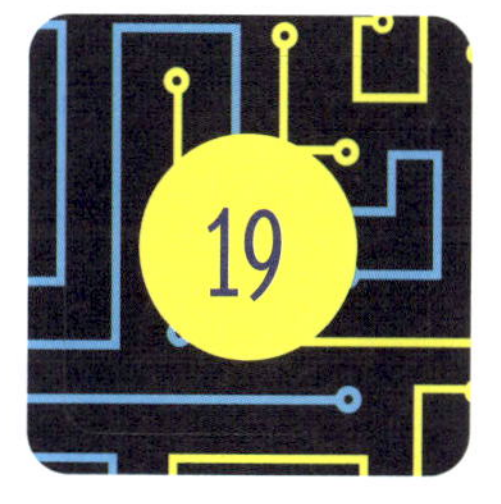

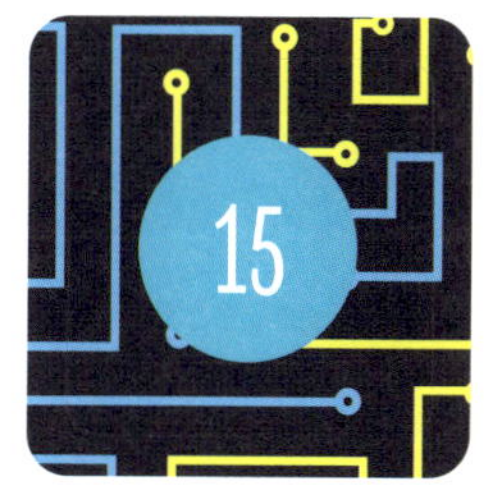

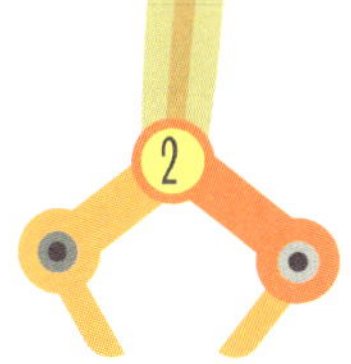

  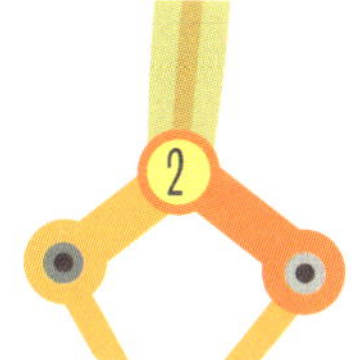 

36쪽: 통역을 도와주세요!

42쪽: 드론 5총사

43쪽: 드론 5총사

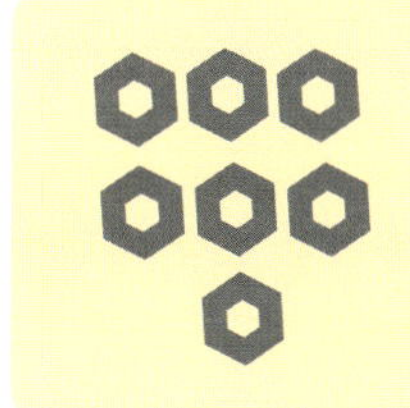

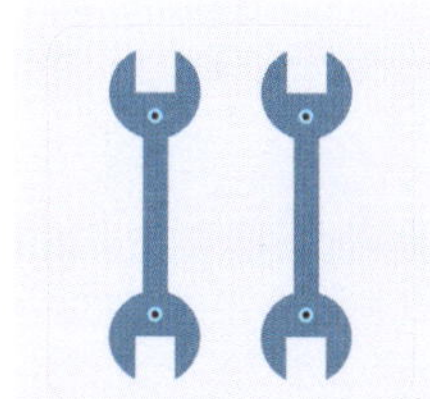
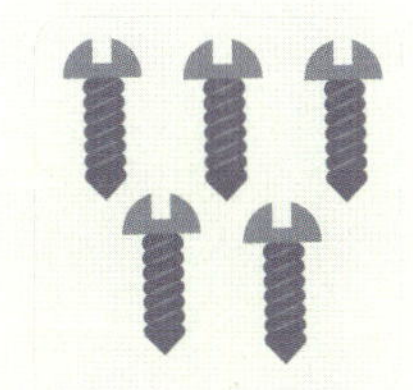
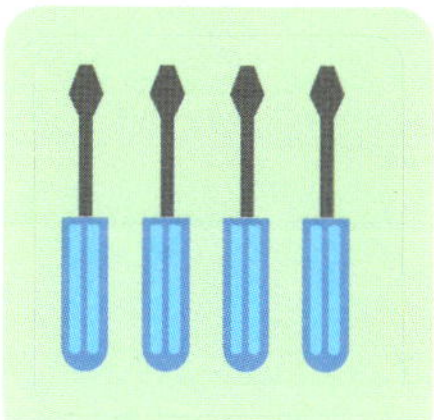
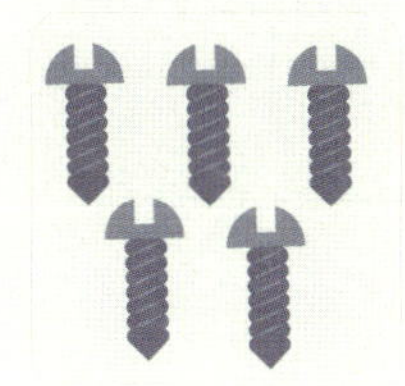

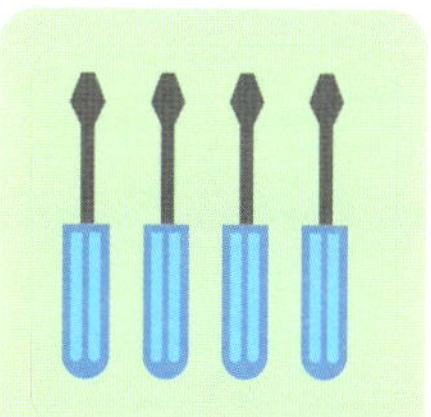
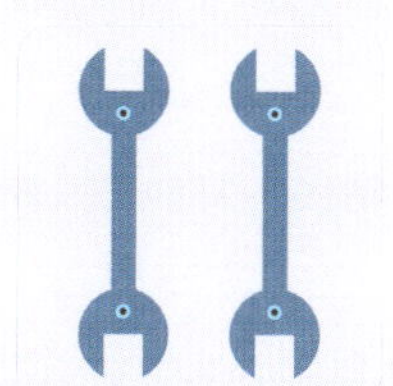
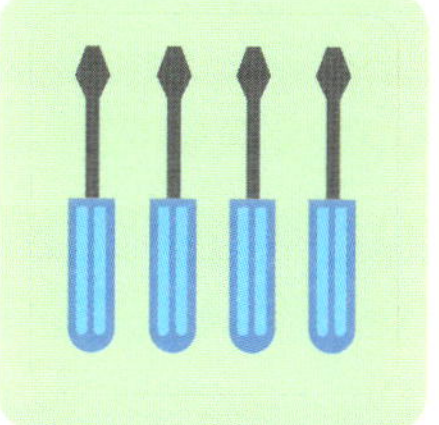

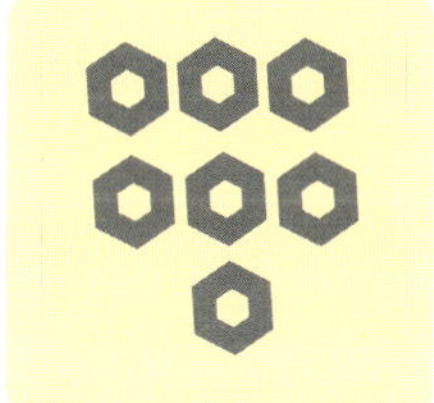
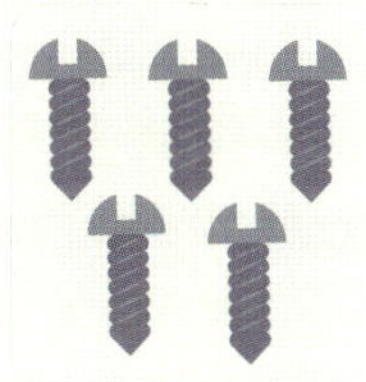

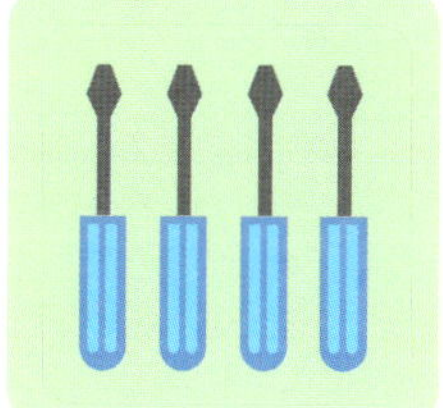
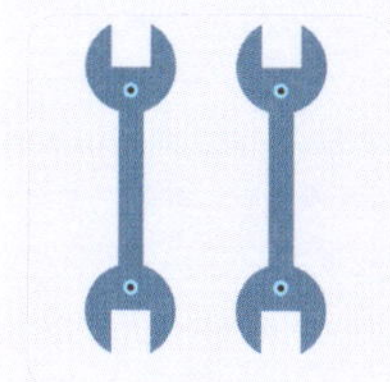

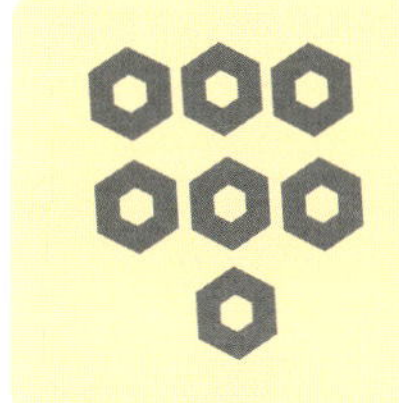
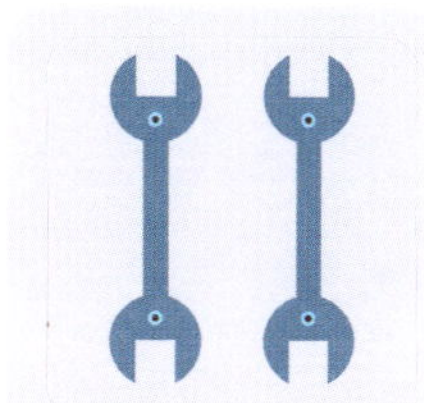
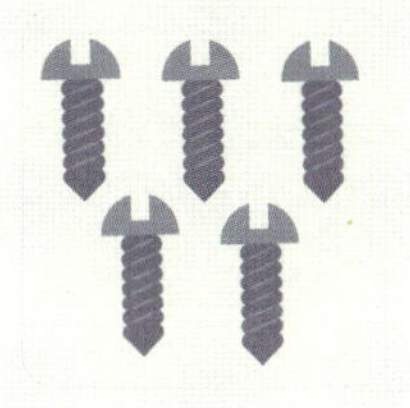
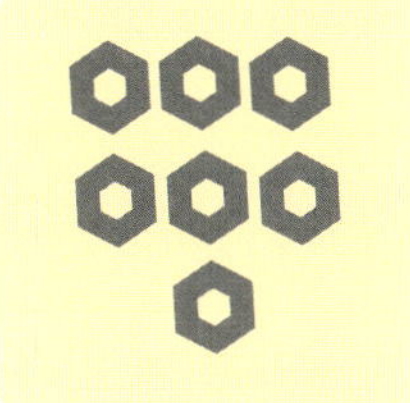